建筑师执业实践宝典系列丛书

建筑师表达技巧

[美]戴维·格罗伊塞尔 著
黄舒珊 宋侃达 译
申祖烈 校

中国建筑工业出版社

著作权合同登记图字：01-2005-2240 号

图书在版编目(CIP)数据

建筑师表达技巧/(美)格罗伊塞尔著；黄舒珊，宋侃达译. —北京：中国建筑工业出版社，2009
(建筑师执业实践宝典系列丛书)
ISBN 978-7-112-10796-4

Ⅰ. 建… Ⅱ. ①格…②黄…③宋… Ⅲ. 建筑设计 Ⅳ. TU2

中国版本图书馆 CIP 数据核字(2009)第 031404 号

Architect's Essentials of Presentation Skills/David Greusel，-Z1/471-17675-3

责任编辑：董苏华　张杰　/　责任设计：郑秋菊　/　责任校对：刘钰　赵颖

建筑师执业实践宝典系列丛书
建筑师表达技巧
[美]戴维·格罗伊塞尔　著
黄舒珊　宋侃达　译
申祖烈　校
*
中国建筑工业出版社出版、发行(北京西郊百万庄)
各地新华书店、建筑书店经销
北京天成排版公司制版
北京凌奇印刷有限责任公司印刷
*
开本：880×1230 毫米　1/32　印张：5　字数：210 千字
2010 年 1 月第一版　2010 年 1 月第一次印刷
定价：**22.00** 元
ISBN 978-7-112-10796-4
(18031)

谨以此书献给我挚爱的新娘，

特丽莎。

没有她的爱与支持，

我将成为

一个失败的演讲者和一个无所建树的人。

目录

序

早在 2002 年 5 月，美国建筑师学会做出的调查强调了一个困扰着现在建筑实践的事实：我们的服务对象，即业主和广大公众并不理解作为建筑师的我们在做些什么，以及我们在如何做。从一个广大业主范围的反馈来看，他们把设计定义为一个名词；对于他们来说，设计等价于一件产品或物品。然而建筑师把设计看作一个动词，一个创造性右脑思维的过程，它是非直线的，交互的，各学科交叉进行的，并且是综合的；然而又是对业主与社会负责的。

我们应该担忧这些分歧吗？我们应该在乎存在于业主与建筑师之间的这种期望值的不统一吗？回答是坚定的：应该！没有明确的期望与统一的理解，是很难建立价值观，提出有意义的计划并达成一个关于报酬意见的共识。

我们对于一些问题的理解有着小小的疑惑：我们做什么、如何做、期望的是什么以及如何定义价值观，信任已经慢慢成为业主选择建筑师的决定性因素。因此，我们可以将教授如何在设计与交流的过程中设计、发展与传达信任作为建筑师教育的核心课程的一部分。相反的是我们现在所接受到的教育是将掌握技术知识视为有效与有价值的基础，但这些技术是不能完全被业主所理解的。

作为一个建筑师，我迷惑于这些调查正在提供我什么样的信息。然而，这之后我在问：为什么我应该这样？总之，我不知道如果不是通过我与外科医生的交流去感知他或她是否激发了我高度的信赖与信任，我如何确定一个心脏外科医生是一流的。建立信任发生在我们与之交流的任何人之间的每一天、每一刻。不管我们是否意识到，我们所有的人事实上每一天都在不同的时间与不同的领域推销自己。作为一个建筑师，为了得到一个项目，没有什么专业操作比正规的表达更重要。这些表达不仅仅是区别一个公司与另一个公司的关键所在，它们还为与业主维持关系并赢得最终项目的成功建立平台。

这一切都说明了戴维·格罗伊塞尔(David Greusel)的这本书——《建筑师的素质之表达技巧》所关注的是当今建筑实践所面临的最重要的问题。任何曾经参与过选择表达的人都能回忆起来，事情很容易走向严重的错误：首先产生厌倦；由厌倦到失去耐心；由失去耐心到反感；由反感到消极，最后走向厌弃。

正像戴维·格罗伊塞尔指出的："建筑师们……错误地认为他们的作品可以不言自明。"格罗伊塞尔继续指出，对于建筑师来说不幸的是，我们所表达的对象(业主)一般都是用左脑(语言与分析)思维的，而建筑师主要拥有用右脑(视觉与图像)思维的能力。所以我们以为我们的作品可以自行表达是如此的天真。为了支持他的观点，格罗伊塞尔提出了一个"信息损失"的图解来说明业主的不理解产生于：1)我们想要说什么；2)我们实际上说了什么；3)听者听到什么；4)听者理解了什么。我们可能想我们如同天籁一般在说话，但格罗伊塞尔根据专家经验指出，80%的口头信息在演讲者与听者之间丢失了。

"表达"这一问题涉及的方面很广泛，而全面的关于交流与关系的建立的书籍还将继续撰写。格罗伊塞尔已经完成了一大步，而且我很赞赏他能够集中在全面的涵盖表达需要的能力。他的"有效表达的十诫"很显然是建立在第一手经验的基础上的。

我更加赞赏他不把问题的解决途径归为一个唯一答案；将寻找一个正确的答案的决定权留给读者本人的意愿。显然这是一本非常优秀的读物。

戈登・H・宗(Gordon H. Chong)
美国建筑师学会资深会员
美国建筑师学会主席
戈登・H・宗及合伙人事务所
旧金山

致谢

本书中大部分的概念来自我从事了 28 年的演讲艺术的经验。因此，对许多对我的工作给予过帮助的导演表示感谢，包括彼得·M·史密斯(Peter Mann Smith)、卢·希尔顿(Lew Shelton)、林恩·B·马勒(Lynn Barbara Mahler)、卡尔·辛里奇斯(Carl Hinrichs)、玛丽·J·特尔(Mary Jane Teall)、诺克斯·尼莫克(Knox Nimock)与达里尔·伯格顿(Darrell Brogdon)，在他们中间，我学习到了舞台表演的规则。我还要感谢美国建筑师学会为我提供了一个论坛，在那里我关于“作为表演艺术的建筑”的理论得以完善，还有“HOK 运动＋发生＋事件小组”为我提供资料来进行这项专业研究。也感谢玛格丽特基金会鼓励我承担这项事业。最后，我要感谢聆听我们表达的观众们使我成功地完成了这项任务。

导言

专业的设计者与表达

真实性的检验

除了口腔手术，没有什么比作口头表达更让人们感到恐惧的了。有充足的证据证明，许多人对在公众面前讲话的恐惧甚至多于对死亡的恐惧。然而，口头表达是几乎所有专业设计者工作及生活的主要部分。奇怪的是，无论是在学校还是在出了校门以后，学习如何进行有效的表达却很少成为专业设计者训练中的一部分。这个矛盾的现象是本书得以完成的原因，它的目的是给你一些最好表达所需要的实用方法和建议。

大多数的专业从业者都在自己的专业领域中的某些方面经历过糟糕的表达，专业设计人员也不例外。这里有一些产生这一事实的原因：

- 与从事任何实践活动一样，我们不可能做好我们没有经过训练去做的事情。
- 建筑师和设计者一般都是习惯用右脑（主管视觉与图像）思考多于用左脑（主管语言与分析）思考的。这自然导致了很好的图形能力与平庸的语言与分析能力。
- 也许是因为语言能力相对平庸，讲演、电影、辩论和戏剧都是在接受中学与大学教育期间设计者避免学习与参与的活动。

- 大多数设计者都是在一项任务的最后一分钟还在进行图形部分的工作(这在学校外与在学校期间都是一样的)，然后留给自己很少的时间，甚至没有时间去准备表达。
- 建筑师和许多人一样，错误地认为自己的作品能够不言自明。
- 和许多人一样，专业设计者可能会低估感情因素对表达的影响，直到表达的时候；然而到那时候意识到就为时已晚。
- 与一个项目或提议接触了很多天或几个星期后，设计者错误地认为他们已经可以不用准备就能够充分地谈论这些话题了。
- 具有讽刺意义的是，尽管他们对空间的推理能力很明显地超出一般人，建筑师对自己的身体所占据的空间没有什么感觉，也不知道如何在其间工作。

不考虑这些原因，这种由于自身或他人原因而处于一种艰难状况、令人厌烦与不连贯的表达状态的这些不愉快的事实足以使这本书在专业设计人员中热销，因为它提供了一些有价值的东西来避免这种经历。本书的主旨在于包含在真实的环境条件下，以从业建筑师与专业设计者的观点来看的表达要素。因此，它应该对于任何一个从事专业设计，而且表达是其工作的一部分的人——也就是说几乎任何一个人都是有用处的。这里所包含的经验教训是从作者25年多的建筑与表演艺术经验以及几年中在美国建筑师学会针对这一主题的论坛的讨论中搜集而来的。他们同时在作者观察与参与的几百个营销与设计的表达中得到证实(或者由于对它的忽视而产生的后果而显得重要)。

提醒

赢得表达和赢得市场是不一样的：成功就是不管你是否达到工作的目的，你的信息都被观众接收到了。

谈到营销，这里有一点要申明：如上所述，这本书的目的是帮助你尽可能地使你的表达更有效。这与赢得一个项目有关，但并不完全等同。虽然表达在营销过程中是一个很关键的因素，但是任何一个好的营销者都会承认它不是唯一的因素——而且在很多的案例中，它甚至不能算是最重要的因素。提高你的表达技巧可以帮助你得到工作，但不能完全依靠它。完全有可能(而且我们也都看到它发生过)在精彩的表达后因为其他的原因而失去了工作。所以你必须将有效的表达技巧当作你营销手段的军火库中一个重要的武器，但不是解决你所有营销问题的方法。

经验方法

在几个小时的表达中，80%的口头信息都没有被观众或者听众接受到。

成功的定义

依照前面所叙述的，有必要在继续下面的内容之前定义一下什么是成功。既然赢得项目和客户经常依靠于表达以外的其他因素，那么我们如何定义一个成功的表达呢？观点之一在于，成功的表达是能够将核心内容有效地传达给目标听众的表达。

这并不像听起来的那么简单。有许多障碍阻止了口头信息传达的成功接收(图 1.1)。在其中有演讲者无法表达出他或她所想的，环境因素(背景噪声或其他使人分心的事)，和听者无法有效地接收在整个交流过程中的包括语言与文脉上的暗示。总之，有些专家估算出 80%的口头信息都在从演讲者到听者的过程中丢失了。如果你回想一下最后一次听到某人说话然后评估一下你真正记住的有多少，你就会清楚 80%是一个很乐观的数字。

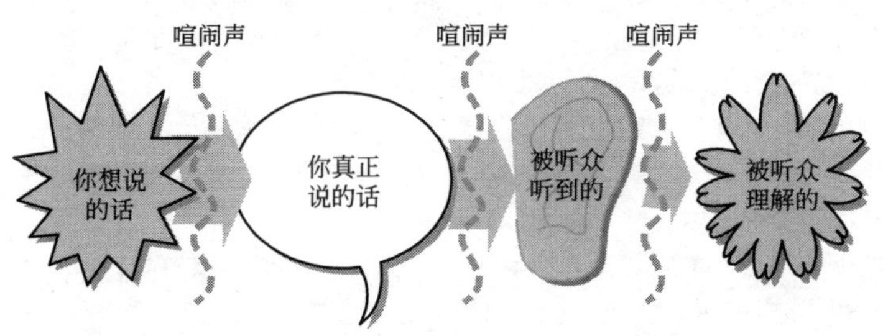

图 1.1　传达的过程——信息的腐蚀

依照这样一个事实，就是最好的表达也不能保证营销的成功，那么用另一种术语去定义成功就是合理的了。这个术语在这里是指如果你通过有效的交流使得你的听众知道了你想要让他知道的、想的，或者使他相信你、你的公司或你的工作，你就已经赢得了一次交流。有很多营销目标是有可能达不到的，但是交流的目标总是可以达到的——如果你已经具备了作为演讲者应具备的关键的技巧。

你最害怕的梦魇

在过去的几年，在一个研讨班的教学过程中教授一组建筑师与其他人的表达技巧的时候，受众对于表达中最害怕的事情进行了投票。从一组到另外一组与从某年到另外某年，研究还是保持着非常一致的结果。做口头表达最让人感到害怕的是：

- *不知道该说什么*。平时这种感觉存在是因为你没有好好地做准备，虽然这个项目也许值得做表达，不过当真正需要口头表达的时候，你就没法开口去描述它。
- *感到无聊*。虽然你理解你的资料但还是害怕，在你说话的时候也许它不够有趣，使你的观众感到非常乏味。
- *你忘了打算说的话*。在舞台上的恐慌让你不记得台词。
- *面对着不友好的观众*。在公众面前表达经常感到害怕。要么组织者，要么观众会公开表示敌对。除了害怕这件事以外，你不只是害怕失败会达不到目标，而且还害怕怎么面对敌对的问题(与发问者)。
- *遇到技术故障问题*。担心一些重要的设备(首先是幻灯片放映机)在关键的时候失灵。
- *遇到不适合的环境*。关键是表达会在太大的，太小的，或者(经常)太亮的房间里进行，而这种环境不适合做你所打算进行的话题。
- *面对怯场*。当你进行表达时，所有的紧张状态让你的心跳加速，呼吸急促，膝盖战战兢兢，肚子不舒服并且一直出汗。
- *面对着难题*。和“不知道该说什么”是有关系的，你害怕没法控制表达中的一部分：问答部分。由于很难预期什么问题会被提到，因此想要准备相关的答案也就不容易了。
- *对演讲合作者失于控制*。通常有许多演讲者过于担心他们的合作者。他会想，“我知道我应该做的事情，不过我的合作者从来没有参与过排练；他只是来表达与做他该做的事情而已。我怎么能使他保持对演讲题目连贯表达，而不是离题或演讲超时?”

所列的这个清单包括建筑师与设计者在表达中的主要害怕的一些方面。如果你再看这个清单的话，你就会看到大多数的那些令人害怕的方面是经常出现的，因为我们对这些方面缺少练习和经验。另外在竞争的情况下，有恶意的或者没有反应的观众实际上存在的可能性很大。使用正确的措施来处理这些恐惧感是本书的基本目标。当你一个一个地看下面的部分时，你就会学习使用正确的措施来克服上述的每一个问题。不要急于找到一个普适的方法来解决它们——好多建筑师都知道，不同问题要求独特的解决方法——要不然专业的设计者就没有太多的事情可做了！

基本训练

如上所述，本书的目的是教给你所需要的关键的技巧与方法，使你自己、你的公司，或你的工作在不同的公共场合或非公共的场合进行有效的表达。在本书中，你会学到：

- 准备一个有效表达的计划与必要的传达要素；
- 关键是利用你所有可能的时间；
- 建筑师经常会在表达过程中犯的明显的(和不那么明显的)错误；
- 调动与接待你的听众的方法；
- 消除感到厌倦的手段；
- 在表达的过程中如何解决问题；
- 如何保持焦点的集中；
- 什么是"舞台表演"和如何利用它；
- 如何克服紧张感和舞台恐惧感；
- 如何组织多个人参与的表达；
- 如何为你的表达选择最好的视觉帮助；
- 如何让你的听众有更多的要求。

虽然这些听起来像是个很高的目标，但这些目的与技巧并不难掌握。然而掌握它们确实需要事先准备。如果你在开始阅读本书的时候有充足的思想准备去使你的表达武器更加锋利，这是一个表明你以后将会做出更好的表达的信号。

这本书是对一些娱乐行业基本规律的松散结构的陈述(毕竟，如果没有娱乐行业作为先例，什么是表达?)，这些基本规律来自作者25年多在表演艺术领域的经验。这些经验不是从任意什么地方整理出来的——有人怀疑它存在于互联网上的某处——它是向许多不同的导演与舞台监督在不同的场合学习的结果……

表达的十诫

也许用表达的十一诫、十五诫或五诫同样能够很好地涵盖本书的内容，但是十诫是在西方文化中既定的范例，而且其结构已经在过去表达得很完善了。在本书的结尾会附加一些关于探讨表达以外的问题，但是对绝大部分，每一诫律会用单独的一章来完成。虽然你不能一对一地找到表达的恐惧与诫律的对应，但每一条诫律都会针对一个（或多个）最明显的对表达的恐惧。当然，“诫律”这一术语用在这里有些偏差，因为这里没有涉及道德与伦理的问题。我们并不是评判出绝对的好与坏，只是在好的和差的表达中找到差别。

在下面我们列出“表达的十诫”并对每一条进行简要地描述。虽然每条诫律都是娱乐行业中的公理，但在这里的内容更多的是关于建筑师的表达。同时，这里的例子都会按娱乐行业与专业实践领域分开。

表达的十诫

1. ***展示***。是对物理品质的表达、对身体的使用、舞台表演，还有适当动作讨论的研究。
2. ***我的动机是什么***？理解你表达的目标并利用这个目标强调每一个在你表达中的陈述、视觉图像和动作要求。
3. ***熟悉你的台词***。一个关于成功地传达和吸引人的表达的要点，而且，特别要区分准备与排练。在这里你会找到两个赢得表达的关键：对主题的掌握和练习的强度。
4. ***找到你的照明***。观察你所表达的地点的物理环境，布置一个空间，使你在其中能被看见与听见。
5. ***面向观众***。一个关于在表达中让听众考虑的五个方面的讨论：精力、入神、承诺、热情和娱乐性。
6. ***坚持下去***。对于在表达中遇到的障碍与困难的处理，尤其是当你的选择受到限制的时候。
7. ***扩音***。如何使你在不同的表达地点都被听到。
8. ***在瞬间里***。在充分展示你自己的这段时间里，应保持内容紧凑，并提出讨论的重点和要点。
9. ***记住你的道具***。考虑使用多种建筑师使用的视觉辅助手段和它们的正负效应。
10. ***知道何时结束***。要了解多快的语速和时间会影响表达的传递，另外需要了解关于舞台管理技术和控制多个演讲者的知识。

这些诫律都被一遍又一遍地证实过了，不仅仅在舞台表演艺术中，而且在专业者的表达论坛中，它们都被证明是有效的。然而，它们还是在许多的情况下被忽略或忘记，而且在这些情况下，它们的缺失被证明是值得注意的。这表达的十诫组成了最有用的指南，不是对于生活(如同最原始的十诫)，而是关于有效的表达。忽视它们，你会遇到很大的麻烦。

第一部分

计划与准备

第一章 展示

"80%的成功来自'展示'。"

——伍迪·艾伦(Woody Allen)

很显然，任何一个称职的专业人士都不愿丢掉在表达的过程中展示自己的机会，除非是在紧急情况或遇到自然灾害的时候。是不是这样的呢？怎么在诫律与展示之间建立关联呢？第一条，也是至关重要的一条诫律，是由一个戏剧导演首创的。他在指导他的演员进行第一天的排练的时候说，如果在表演时失败，甚至是不充分的表达都可能导致这个演员不被接受。你能够想象这条诫律在演员中引起的化学作用。有没有哪个演员曾在排练的时候迟到或者缺席？没有一个。然而，令人惊奇的是，一些建筑师和设计者把自己的工作时间表排得太紧了，以至于进行演讲是一件非常难得按时的事情。所以，即使没有开口说话，展示的第一步就已经是展示了。因此，对于你的演讲应准时，并且要事先准备好。

准备完毕的概念包含几个方面，本书将对这几个方面进行一定深度的论述。但是第一重要的是身体与头脑的准备，必须把你的身体与意识放在正确的表达态度上。这并不是无关紧要的问题，正如观看过职业演讲的人可以证明的那样。

提醒

表达不仅是智力活动，也包括体力活动。

身体的准备

有一个认识对于许多的演讲者来说有些姗姗来迟，如果它最终来到每个演讲者面前，那就是一个不可逃避的事实——那就是表达首先并且最重要的是一项体力活动。许多专业人上都在一种错误的印象中认为口头表达仅仅是一种将智力内容归结成组的低效方法——这种活动可以通过备忘录或一张图画来更有效地完成。

这并不是完全的错误想法。口头表达最初的最主要的是表演。无论你的听众是一个委员会，一个专家团还是一组你的同事，都在那里看你的表演，而且他们更希望看你的整个身体在表演。他们对你的表演的评价都是关于你身体表达的程度，身体的意识和身体的控制能力。

演讲更像是跳舞而不是像大声地背诵备忘录。这并不意味着你需要学习华尔兹或是瓦图西舞；这意味着你需要准备运用你的自然的身体活动。关于这一点将在本章的关于舞台表演的部分更多地探讨。

身体的准备，需要你的身体为了表达而预热与放松——正如你准备去参加一次跑步比赛，打一场网球或在你的花园里劳作一样。演员们在每场排练与演出之前都要预热自己的身体。大多数的演讲者不知道在例行的热身活动中做深呼吸——正如后面将要讨论的，而这不仅仅对表达本身有特殊的帮助。

经验方法

身体准备的一部分是了解你自己的身体意识以及在你在表达的时候有什么感觉。

有很多事情可以帮助你进行表达前的热身准备，即使你正穿着一身工作套装，或者即使你正处在一群同事中间，而且你不想让他们以为你精神错乱。热身不需要跳跃或冲刺，你可以放心地听。

为了热身第一件事你需要做的是列出详细的目录。意思是问问自己这些问题：“我现在感觉怎么样？我是不是身体完全放松了？”如果你是诚实的，答案可能就是“不”。下一步，你需要确定你身体的紧张部位在哪儿。是你的肚子？背部？脖子？上臂？无论是哪个部位感到紧张，你应该单独地对它进行放松。最有效的处理紧张的方法(不是做跳跃)是通过肌肉均衡运动。肌肉均衡运动简单地让一组肌肉与另一组肌肉互相作用，做静态的拉伸而不需要任何真正的动作。如果这听起来有点不可能，那么照一张在酒吧里玩掰腕子的照片看看。如果两个选手是在比赛胶着的状态(肌肉均衡运动)，那么让人吃惊的是即使两个人都在尽可能地使劲儿，但动作却那么的小。

肌肉均衡运动又叫做紧张-放松训练，不是因为它使紧张的肌肉立即得到放松(它最终能做到)，而是因为它使肌肉从紧张到放松，又到紧张，这样多次地轮回。如果你坐着，你可以立刻进行这样的练习，而不会被其他人看见(除非你会不由自主地脸红)。试着在鞋里摩擦你的脚趾——立刻。坚持5秒钟，然后放松。然后继续做一组。这实际上就是紧张-放松训练。因为它是肌肉均衡运动，所以不需要任何运动的表现。现在尝试着做另一组肌肉的训练。试着放松你的大腿肌肉，或者你的背部的下侧肌肉，或者你的肩膀。有一些肌肉群(比如说小腿)是很难找到的——显然不是从解剖学的意义上，而是从肌肉均衡训练的角度。但是经过一些少量的练习，你可以放松与紧张你身体的任何肌肉群。

肌肉均衡的紧张-放松训练的优点，除了前面提到的一个事实就是不需要做跳跃以外，还有它使你可以运用你在表达前自然产生的紧张并且克服它。这样比希望它离开(“我希望我现在能够立刻放松”)或者否认它的存在更有效。而且如果你从一个你感觉到最紧张的地方开始，你会在开始表达前准备得更充分。

难道肌肉均衡运动将紧张感全部消除了？不是的。但是它会帮助你控制演讲者在表达前的紧张，而且它能帮助感知在开始表达的时候你的身体和它传达的信号。

那么深呼吸呢——这是经常会用于治疗紧张的处方(同样在舞台表演中)？它能起到什么作用呢？深呼吸比什么都不做要好，但也不会好太多。一个原因，就是紧张的人深呼吸的时候容易导致晕厥(呼吸得太深、太快)。这很明显是没有帮助作用的。但是知道你的呼吸方式是有利的而且重要，这将在后面的第七章“扩音”中谈及。

警告

避免深呼吸作为热身程序的一部分：这会让你有眩晕的感觉。

这里列出另外一些可以帮助热身的活动：

➤ 步行(经过去往进行演讲地点)的最后几个街区。你会感到身体发热、放松及更加自信。

- 如果你做表达的地方在二层或者三层，爬楼梯上去。如果是在30层，不妨忘了这一条。
- 在表达之前踱步是一件很有益的事情——好过在你表达的时候踱步，无论用什么速率。任何能促进你血液循环的事情都是有益的。
- 当然，你不希望在你表达之前吃一顿大餐——谁又会这样做呢？大多数演讲者，就像战士一样，拒绝在做表达前吃东西。但是一些易于消化的食品(比如一个水果)可以帮助稳定你的胃和放松你的神经。
- 如果你的身体能够承受的话，在你表达的那天做一些锻炼会有很大帮助。

总之，记住表达就是一种舞蹈——而你就是舞者。观众希望看到你如何做动作——这不意味着你的动作必须像弗雷德·阿斯塔尔(Fred Astaire)一样流畅与优雅，但只是你必须指挥自己的身体。为了成为一个有效的演讲者，你必须在身体上做好表达的准备。

头脑的准备

除了身体上的准备，展示需要有头脑的准备。这不只是包括仅仅熟悉你的谈话内容，这一点已经包含在第三条诫律“熟悉你的台词”中了。头脑的准备在心理上与前面所描述的身体的准备是等同的，而且同样重要。

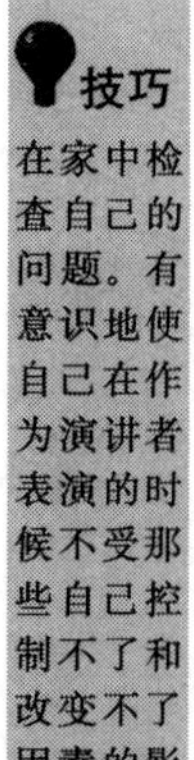

在进门之前检查你的问题

在展示时对于表达来说，头脑中最重要的东西，就是在你要进行表达的地方之外卸下你情感的包袱。检查你的问题，就像检查你的衣着一样，应该是一种有意识的行动，而且需要你有一点控制力。演讲者是人，因而在表达的时候会受到许多身体的、心理的和感情问题的影响。大多数的专业设计者在任意一天当中会有不止一个项目或者潜在的项目去思考，还没有包括他可能需要考虑的办公室、家庭或个人问题。能判别一个人是否真正专业的标志是他或她是否有能力在舞台表演的时候，或做表达的时候不去想其他的问题。

在进门之前检查自己的问题，是有意识地使自己在作为演讲者表演的时候不受那些自己控制不了和改变不了的东西的影响。这意味着至少在一两个小时之内放弃其他事情，即使解决那些事情的希望在你准备表达之时还萦绕在你心头。从实践的层面上讲，就是在表达的时候不要就别的主题给你自己或你的同事记纸条，不要做白日梦，不要去琢磨开完会去哪里吃午饭，也不要在你的无线通信设备上检查你的电子邮件。用头脑来完成的展示需要你花全部的心思在你现有的任务上，也就是完成这个表达。

在电影《爱上这个比赛》中，凯文·科斯特纳(Kevin Costner)扮演的棒球运动员给了我们一个生动的例子来说明怎样在比赛之前检查自己的问题。当他准备他的第一次投球的时候，科斯特纳的内心告诉自己："清理一下头脑"，在那一刻所有的外界因素，体育馆、观众、教练甚至击球手都变得不可见了，只有接球手的手套留在意识当中。演讲者就应该像这个棒球手，有能力在每一次表达之前"清理一下头脑"，把思路集中到表达的题目上，而不是接球手的手套上，这将在下一章中讨论。

舞台表演

提醒

"舞台表演"是一个人控制属于他自己的空间。

经常会听到说一些演员做了一个精彩的"舞台表演"，但是我们很少再多探讨一下这个词的含义。舞台表演不仅是演员的专有的领域。它是一种值得培养的行为方式。

那么什么是真正的舞台表演？它是一个人(通常是演员，但不一定必须)存在于一个属于他所在空间的特别方式。舞台表演关系到我们下面要讨论的运动，但不只是关于运动。不做动作一样可以完成舞台表演。所需要的是这个人(演员或者演讲者)能够控制他所存在的空间。

关于这一点我们会提出一个合情合理的问题："好的，控制空间：那么究竟如何去做？"回答这个问题的一个方法就是看一看怎么算是没有控制住空间。没有做到舞台表演的演讲者是害羞的、退缩的、文学中所说的局外人，躲在阴影中、藏在讲台之后，而且他一般不愿让别人看见。最糟糕的是，缺乏舞台表演气质的演讲者被看做是退缩在自己的衣服下面，好像要随时消失得无影无踪一样。

相反，一个自信的演讲者站得很直(如果站着是合适的)，高高抬起他或她的头，而且好像要拥有他或她在演讲的房间一样。

有一个简单的练习可以帮助你了解你的舞台表演的水平。假设你表达时的姿势——可能是坐着的，用一个相当舒适的姿势。现在想象有一根线在你的头顶。假想这根线被拉得很紧，很直，它将你的头尽可能地抬高，只要不脱离你的脖子。当然在开始时这看起来很糟，但这种抬高头的姿势对于赢得舞台表演是很关键的。当头抬起来时(被这根假想的线)，身体的其他部位很自然地处于一种将与观众交流的机警状态。因此这个姿势的应用实际上不在于演讲者是坐着还是站着。

以后将会提到，演员不是总保持着这种抬高头的姿势，但他们是从这里开始的，而随后根据剧本的要求，他们会让这根线引导他们趋向或远离另外的性格或状态。但对于表达来说，练习让这根线高高地拉起你的头已经足够了，而且要注意这个动作对你身体其他部分的影响。

技巧
把你的头高高地抬起来做个优美的姿势(就像个牵线木偶一样)。

还有另外的提示来帮助你判别是否在做舞台表演。重要的是认识到舞台表演不是一种遗传的素质或者天赋，而是一项技巧。仅仅因为有天赋的人看起来易于掌握它不意味着舞台表演只属于那些天才的领域。

姿势，正像上面提到的，是关键的。除了那根“头上的线”的技术外，考虑你的肩膀的位置是重要的。如果你的肩膀在你说话的时候向前耸，那么你就谦逊得快要消失了。如果你的肩膀向后甩，而你的胸部过于突出，你可能会显得自负与傲慢。但正如你可以理解的，如果你必须犯错误，宁可将肩膀过于向后也不要将肩膀过于向前。同样，臀部可以表现得自信或缺乏自信。一般，你的臀部应该与你的肩部保持在一个平面上，不要撅起成一个特别的角度好像趴在一堵假想的院墙上一样。站在一面落地的镜子前，从不同的角度研究你的身体的姿势：注意你的肩膀、臀部、脚和手的位置。

手也是舞台表演的关键因素，因为它们能表达太多的你的思想。紧张的绞手的动作很显然是要避免的(然而令人惊奇的是它会经常在演讲者身上出现)。所以应该采取喜剧演员罗宾·威廉姆斯(Robbie Williams)称为“无花果叶式的姿势”——手自然地在你前面交叉——放在你的胯前。但是你不能够让你的胳膊毫无感情地在你身前摇摆——同样，那会看起来消极和像受到了惊吓。你的手应该成为你表达的手法的一部分，而不是在传达有智慧的内容时的无用的附属品。一个手放在兜里是可以接受的；两只手都放在兜里让你看起来不自信——或有些傻。花一些时间去琢磨什么是适合你放松的手的位置。放松的手在桌面上是什么样子？站着的时候呢？指向某个东西呢？

所有这些针对于舞台表演的关于身体姿势的讨论就像是进行一次高尔夫训练课。当你尝试着去将这部分所包含的所有不同的信息都融会贯通时，你可能会发现因为把自己包裹得太紧或有一些结难以解开，而感到说话像击球一样，是不可能完成的。你不可能同时将所有这些内容都练好——起码不能马上——但它们在这里给你有益的参考，让你去建立自己自信地表达的舞台风格。

无论如何，这里许多的关键是在提醒你，你正在建立的风格不是一个固定的样板。正如在本章开头所讨论的，表达是一种舞台表演，你的观众在等待看你如何动作。这带给我们关于展示的最重要的元素。

适当的动作

“动作从来不撒谎。”

——马莎·格雷厄姆(Martha Graham)

问你自己这个问题：当你观看演讲者在会议上、在大型集会上、在宗教宣传时、在论坛上、在任何场合做一个现场演讲时，你是否觉得他们动作太多了呢？对大多数人来说，答案都是否定的。现在来问同样的问题，特别是关于专业设计者和他们的表达：他们是否动作太多呢？同样，许多人会说不是。那他们是不是动作太少呢？根据逻辑我们会紧跟着提出这个结论。所以来花一点时间想想人们在表达的时候如何动——或者不动。

一般，人们开始说话的时候就会动，当他们在一个展览上打手势的时候，当他们谈话的时候。除了绝对必要的动作，许多演讲者都站在一个地方。有明显的例外是人们紧张的时候说话时会前后摇摆或不断将重心从一条腿交换到另一条腿上。我们会简短得讨论这些习惯。但是一般来说，许多演讲者在说话的时候都不怎么动。事实上，可以肯定地说他们动得不够。

再重复一遍，表达实际上是一种舞蹈。它不是一段华尔兹，或者一段狐步，或者一段霹雳舞，或者一段芭蕾，但它仍然是一种舞蹈。正如在讨论舞台表演时提到的一样，你的观众希望看到你如何运动，如何占领你身边的空间，如何与你团队里的和房间里的其他人互动。这个舞蹈，和你所意识到的它的重要性都是适当动作的关键组成部分。

这儿有几个影响跳好整段舞蹈的障碍。它们其中之一，有时被表达专家或演讲导师特别提出或建议的，就是将脚分开站立，与肩同宽，脚尖略微分开。这种姿势暗示了稳定和可靠，但是它不表示你准备开始跳舞。你的最初动作，如果你有一个最初动作的话，应该是将一只脚稍微放在另一只脚前，它使你有机会或是有契机去移动。

另一个障碍，也是最糟糕的一个，就是演讲台。演讲台(或指挥台)是好的表达的主要敌人，我们应该这样去认为。有一段时间，当公众在聆听一个城市委员会的演讲时，因为礼貌的原因或者为了录音(或者两者皆有)，演讲台是不能缺少的，但当任何可以不需要它的情况下，你应该离开演讲台。演讲台诱使你来读讲演稿(注意："讲演"一词的名词与动词的区别)，不是让你与观众有联系。而且，当你的手被锁定在演讲台两边冰冷的扶手上的时候，它自然很难允许你为你的观众表演舞蹈。

警告

演讲台是你的敌人，当任何可以不需要它的情况下，你应该离开演讲台。

另一个相关的问题是麦克风的使用，这在各种公共的会议上已成为很流行的东西。是因为过了这些年，公众渐渐变得越来越难以全神贯注地聆听，或者更像是因为演讲者变得非要依靠扩声设备才能被听到。不管是什么情况(如何被听到的问题将会特别地在第七章得到解决)，麦克风不是你的敌人，除非它是被固定在演讲台上的，在任何时候它都是一个伙伴。一个无线麦克风能够成为你的朋友，一个手提式麦克风也不是一件坏的东西(然而你需要正确地握持它，这将同样在第七章探讨)。但是不要让麦克风的出现阻碍你进行动作的能力。

在一个太小的房间里演讲，同样可以影响你的适当的动作。许多演讲者被安排在一间会议室里坐着，而不是站着表达。在这种房间里，在宽大的会议椅后面没有足够的地方让你在它和墙之间移动，或甚至更糟，你只能在椅子和放在三脚架上的展板之间活动，也就是你会需要艰难地在这样的房间中划出一块小的地盘来进行演讲。

在这种情况下，可能明智的方法是将整个表达过程坐着来完成。这可以是一个使用情感作用和投入的好的主意，这将在第五章“面向观众”中探讨。坐着表达的缺点是它限制了你，使你只能运用你一半的身体去交流，这是很不利的。在一间很小的会议室，这可能是你唯一的选择，但是在作出坐着表达这一选择之前，要仔细考虑到它的不利之处。

从演讲台后面走出来带来了另外一个问题：将你的讲稿放在哪里。我们将在第三章“熟悉你的台词”中看到，最好的方法是不用讲稿来说话，但是这个方法需要一定的规则和练习，而且可能在某些情况下是不可行的。在这个讨论中说到这儿已足够了，当你移动的时候，你的讲稿应该和你一起移动，除非你感到有自信能很少使用它。另外，有一种方式使得讲稿能随意携带。久经时间考验的 3 英寸×5 英寸的索引卡是一个做讲稿的好的方法——8.5 英寸×11 英寸的散页纸是不好的。一些演讲者使用一种便签，它比易于凌乱的散页纸要好。

那么适当的动作到底是怎样的呢？它像是没有音乐的舞蹈。它意味着根据你的内容的节奏运动，在你所做的要点阐述过程中向内和向外运动。你可以通过运动来加强和突出重点(如果你坐着，你可以向某一方向倾斜)。你也可以通过移动来创造距离，观察，使用带有哲学色彩的语气。你可以在边缘移动从一个点到另一个点，或者如果房间和人群足够大时，只是将自己暴露在大部分观众之前(参见第五章)。适当动作的关键是有一些自相矛盾

演讲台是敌人

为什么演讲台是不好的事物呢？学校里面的教授们和政治家们每次都使用它。在表达中当站在演讲台可以接受的时候，这些是不可取的：

- 演讲台限制你的移动与动作，如果你希望给出生动的演讲，这是很重要的方面。
- 它提供了合适的地方放置你的笔记。在后文会详细讨论，如果你有可能避免它，你就不应该使用笔记。
- 在观众的面前演讲台会隐藏你的身体。演讲当中隐藏你的身体永远不是个好事情。
- 演讲台提供了麦克风。第一，99%你所说的话不需要麦克风；第二，你也不应该被麦克风固定在一个地方。

的：它必须是经过思考的、有意义的，但是也一定要看起来是不费力气和自然而然的。显然，唯一的能解决这个矛盾的关键是经常性地在一群观众前去练习。就像是舞蹈，好的舞蹈和自然的动作看起来是毫不费力的，不好的舞蹈则是生硬和糟糕的。同样像是舞蹈，一个理想的排练空间应该有一面满是镜子的墙。不幸的是，建筑师和设计者很少有机会去舞蹈教室去排练他们的表达。直到你习惯于事物的变动，根据你的讨论的特殊的点去计划你的动作。当你在一群观众面前的动作表现得更有经验时，你就能不做计划而相信你的直觉在适当的时候去运动(在另外一些时间静止)了。作为一个形象化的例子来说明适当的动作(虽然在一个夸张的状态下)，租一张经典的音乐电影《音乐人》来看看罗伯特·普雷斯顿(Robert Preston)扮演的哈罗德·希尔教授是如何进行表演的。因此，为什么不追求在你的表达中有这样一个有活力的、投入的、有超凡魅力的表演呢？你可能不用去爬一座高山，但如果你真的去爬，结果又会怎样呢？

总结

展示在你的演讲中不仅仅是身体的表达。它关系到以下所有的技巧，这些可以通过一段时间来练习和掌握：

- *身体的准备*。了解你的身体以及它自然的紧张，并且运用这种紧张通过肌肉均衡训练来调整你的身体。
- *头脑的准备*。将与你手头的任务无关的问题丢在你将进行演讲的房间之外。
- *舞台表演*。最大程度地控制你的身体，并且控制你将要进行演讲的空间。
- *适当的动作*。你自愿地以强有力、且有说服力的表达向客户和其他观众进行展示，同仅仅是内容介绍是有很大差别的。

第二章

我的动机是什么？

这是所有演员在准备他们对一个角色处理的时候都会问自己的问题。动机是在演员所说的台词后面的驱动力。动机，在表达的语境中，是高于一切的目的——换句话说，是你表达的终极目标。没有动机，一个演员在读台词的时候往好了说是没有情感，往坏了说是痛苦的呆板。因此，如果在你的表达后面没有目的，你传达的内容必定是平淡无奇的。

动机对于一个演员来说通常是角色中没有阐明的目的。它很少在角色自己的对话中揭示。同样，对一个演讲者来说，你的动机是你应该知道并且能让你的观众发现的。你的目的不需要在你的表达中被明确地阐明，虽然你可能会选择这样去做，这样你的表达就是强调特别的坦诚。关键在于你和你的演讲伙伴必须清楚你们的动机，而且你们的表达在综合整理的时候，团队中的每一个人都在心中有着同样的目的。虽然在一出戏剧里面，每一个角色可能会有着迥然不同的动机，但在一个表达中，应该统一所有参与者的意图。

说服型的还是信息型的？

在学校，讲演的学生会被告知演讲有两种（或更多）方式，主要是说服型和信息型的。作者持强烈的观点认为这两种方式应被重新叫做说服型和令人厌烦型的。在专业设计领域人们可能会选

技巧
每个讲演应该具有说服某个对象的目的。另外一个可选择就是信息型的——令人厌烦的。

择信息型的讲演方式，“工程中可循环木材产品的使用。”这是不是听起来像你希望等待听到的一个讲演？这是不是如同任何一个人都希望听到的一样？

就同样的主题，一个说服型的讲演题目可能会叫做“可循环木材产品：家居设计的未来。”在拟定题目的时候(同样在演讲中)用肯定的口吻代替了信息型的传递，演讲者给他或她自己确立了一个目标——去说服观众可循环木材产品在室内设计工程中的不可缺少性。这样做，表达就变成一种有活力、具挑战性和最终有说服力的舞台表演。从另一方面讲，最初的题目(和相关的讲演)只是致力于内容的传达，而这些听众能够很容易地通过阅读相关问题的报纸来得到。这里没有谈及任何关于做一个信息型表达的内容，准确地说是因为没有这样一种有效的表达。

聚焦在目标上

为了使你的具有说服力的表达真正能够说服任何人，你需要保持聚焦在你的目标上。在一个技术性的专业表达中，这可能比听起来的更难，因为这种表达中经常包含了很多内容，是由观众特别提出要你回答的。这部分内容，正如花样滑冰中的“必选动作”一样，比你真正想表达的最具说服力的那些方面显得并不是那么有趣。对于专业设计者来说，具有挑战性的是如何保持聚焦在表达整体目标上的同时完成那些必选动作。

提醒
一个表达可以有许多观点、附加观点和对立观点，但它只能有一个唯一的目标。

一个想法需要在这里澄清。一个表达可以有许多观点、附加观点和对立观点，但它只能有一个唯一的目标。有时候建筑师把内容与目标混同起来，比如说目标可以传达他们有关的经验，关键工作人员的资格，及对目标的接近程度。很明显，如果它们都是目标的话，这三个项目之间显然是互相毫无关联的。后讲的项目可能是个表达的关键组成部分，不过没有一个是演讲的目标。显而易见，从上面的例子来讲，目标就是为了赢得任务。

很显然，这个目标就这么简单，应该贯彻于表达的各个方面，包括先前提到的关键内容。简单的方法来做就是在每个表达的内容观点上进行试验：首先，为了达到我们的目标，这个观点是否必要呢？第二，如果必要的话，它是否会有效传达信息、使我们达到目标呢？另外，读者会很明显地看出，令人震惊的事实就是好多建筑师和设计者经常在表达中失败，做不到这么简单的试验。主要的原因是因为有好多建筑师在表达中还离不开他们以前的光辉作品。当每个人在享受地观看完成项目的漂亮照片时，演讲者必须挑战他或她自己，要决定这项工作是否能够使观众走向目标(需要强调的是，假定目标是为了完成任务)。关于你看过的一些表达，就是建筑师或者设计者表达了好多无关系的资料，好像这表达不是给观众享受的，而是给演讲者自己享受的。也许那个不幸运的演讲者就是你。

但我真的想说这个话题！

最让演讲者感到为难之一的就是必须区别于他们想说的话与观众想听的内容是什么。客观的试验——它会帮助你达到目标吗？这应该是最好的准则——选择要么将它包括进内容之中，要么放弃它。关于无关系的内容，有时候要利用专业设计者的合理化选择，比如：

- “它可能对他们来说不重要，不过对我来说很重要。”很显然需要观众的反应。
- “如果我们没有把它包括的话，我们就会失去了对观点的重要陈述。”很好，你都明白了应该对有利的论点进行陈述。不过如果你不知道那是什么论点的话，你不应该假定你知道。
- “他们很需要听这个部分！”这时演讲者就成了喋喋不休的传教士，而观众就成为需要救赎的罪人了。
- “他们没有问过这个问题，他们应该问才对。”要强调，判断的重点在于什么对观众是最重要的。

聚焦在目标上通常会帮你提高你的表达能力，与本书所提供的其他技巧是同样效果的。实际上，如果你不能够很好地聚焦在目标上的话，本书所提到的其他技巧为帮助你达到最后的目的的价值就很小了。在你的目标上使用清楚的陈述(对你自己和你的工作团队)，坚决去掉没有用的报告，祝福词及无关的观点，使你的表达紧紧地围绕着单一的，令人信服的计划。

厌恶感也许存在。像在上面提到的，有时候客户要求所提出的报告和表达的目标是无关的。在这样的情况下你的挑战在于把他们所需要的报告，要么在它的形式，要么在内容上适合你的目标。比如说，如果客户提出关于以前作品的问题的话，你就会把背诵作为简短，甚至是敷衍的手段来满足他们的要求，同时并没有消解你的主要目标。这个方法会使你达到成功的可能性就更大了。

清晰的一刻

演讲当中哪一些例子具有清楚的目标呢？

- 我想使观众信服我，就是从现在开始让他们在工程中只使用低辐射率玻璃。
- 我想使观众被讨论吸引，从而会把下一个演讲者给忘了。
- 我想使观众理解我们的设计概念，因此以后他们就会把这概念传达给别的人。
- 我想使观众相信我们对这个项目是有资格的。
- 我想要这个设计或少或没有修改而通过考察团的同意。

上面的一些例子，其中一个可能会作为表达的动机。如果你同时有若干目标需要达到的话，你必须把它们减少。

故事线

为了结合你的表达目标，通过叙述进行表达是会有所帮助的。这个观点就被称为故事线，这是个有效的办法来区别于你的表达是否是说服型的，或是那种非常可怕的信息型的演讲。

来看一个故事线的例子，想一想 ABC 电视台的橄榄球节目《Monday Night Football》。当播音员们在解说比赛时，他们没有说“迈阿密海豚队今天晚上在面对着必须赢过竞争者巴尔的摩乌鸦队的情况。”这个陈述也许准确地描述了迈阿密海豚队当前的情况，不过那就不是一个故事线了。故事线应该是这样：“对迈阿密海豚队，这是个危急关头，吉米·约翰逊教练需要回答的问题就是：老迈的四分卫，丹·马里诺(Dan Marino)是否能够为我们带回超级杯(美国国家美式橄榄球联盟的年度冠军赛—编者注)奖杯?”

你有没有看到它们俩的差别呢？差别是在于语言的使用：故事线使用了动态词及词组而不是实际情况的陈述。在故事线这方面使用了情感方面的内容来解说比赛。在两个报告之间的其他差别是在于非常个人化陈述的后者，这不是关于迈阿密海豚队，而是关于“吉米·约翰逊教练”和“老迈的四分卫，丹·马里诺”的陈述，它在比起前者那个无兴趣的陈述就投入了更强烈的内容和思想感情。

哲学家大卫·休谟(David Hume)说，如果某事给我们强烈而生动的印象，它就会值得纪念。强烈相当容易了解——这是为什么焰火比闪烁的发光物更值得纪念。生动性有一点困难：生动的意思就是“充满了生命力”，或者是充满活力。所有的演讲者都是有活力的。怎么让一个表达比其他的会更有活力呢？这就是故事线的作用，它会把表达变得更有人性和更有活力。

这里是另外一个例证。假定你被邀请到照明设备产品的表达现场：灯光暗淡，有一个人站起来说，“在北美，灯具有四个主要类型，每个类型有着各自的优点及缺点。”说话者所开始的是事实部分。及也许对你的专业前进比较重要。你是否被吸引了呢？你是否着急想听接下来的部分呢？

现在假定，在同样的研讨会，同样的说话者站起来而说，“埃伦·哈克迈耶(Ellen Herkmeyer)有严重的问题。她是ACME公司的设备经理，是个机器部分的高技术制造总监。她的老板刚刚交给埃伦的任务就是在六个月之内要把设备操作的费用削减15%。你知不知道埃伦该怎么做呢？你自己会怎么做呢？这和前者的说话者给你的通知关于照明设备的类型大概是一样的。也许想要谈到这四个主要灯的类型稍微有点过时，不过你一提到了它，那比先前的例子你就会更多还是更少被吸引了呢？你认识埃伦·哈克迈耶吗？可能不认识。不过因为把谈话作为个人化的，及使用故事线来表达(在谈话的过程中表现出了埃伦对灯的类型理解能够让她达到她的老板的预期目标)，也许你被谈话的过程吸引了，对它更关心，及对结果也有了更多的情感的投入。

如果你想着这件事的话，这说明了为什么人们都愿意花钱来看电影，而不愿意看其他人的假期幻灯片，即使你出钱给他们看。如果拍的东西观众都没有情感的投入，甚至相当好的摄影师也会失败。现在可以提出它是属于还是不属于故事线的观点了：

如果你有按时间的顺序叙述的话，这就不是故事线的风格了。(比如，“我的巴黎假期：现在我们在机场离开巴黎”)，也就不会产生任何矛盾，张力，或者任何需要解决的问题。记得哈罗德·希尔(Harold Hill)教授在对艾奥瓦州的小城镇 River City 中没有任何现实的矛盾来源时，就决定以后必须要创造一些矛盾，并且使用镇长的台球厅作为整个城镇假定的矛盾来源。这不是意味着建议你制造非真正存在的矛盾，而让你找出戏剧性的成分——紧张，忧虑，战斗——使你让自己，或者你自己的设计来解答的问题变得更有说服力。

想要把故事线塑造得生动而且有理有据，需要两个主要因素，这就是情节和角色因素。环境作为第三个因素，也许对虚构是有所必要的，不过对表达的故事线本身并不是那么重要。角色在故事当中就是“谁”。如果你使人们沉醉于故事情节当中的话，观众对你的表达就会更感兴趣。

情节就是“什么”，就像“埃伦发生了什么事?”一样，她对削减设备操作的费用到底有没有达到目标呢？对于故事的进展，建议从介绍角色的情节开始，到建立它的故事矛盾，然后才表示角色或者其他的因素怎么能够帮助解决这个问题。在表达中如果你能够给出生动的情节，这就会令你想说的故事变得更加令人信服。

表达形式

表达发生在各种各样的情境，从非常正式的(比如，发表科学文章)到非正式的(在高尔夫球会或者在鸡尾酒会和新结识的人聊一聊你的公司是做什么的)。对于正式或者非正式的情境，在表达的准备中也有不同的程度。在这个部分，我们就能够看出相异的表达形式及他们怎么促进互相交流，这就是表达成功的关键。

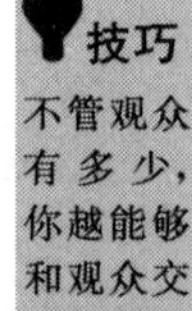

技巧 不管观众有多少，你越能够和观众交流，你的表达就越可能达到成功。

总体地说，不管观众有多少，你越能够和观众交流，你的表达就越可能达到成功。互相交流有助于减少演讲者和观众的距离感，及允许你个人和他们之间能够进行交流，这就会让你减少“表演”，而给你的听众表现出你本人的若干特点。为了继续上一章的比喻，就是和你的观众互相交流，你就邀请他们参加你的舞蹈吧。

大多数建筑师和设计者害怕和观众进行互相交流(尤其是在被委员会选中进行现场解答的时候)。他们所提到的目标都包含着一些忧虑，比如“如果我给他们提一个问题，然后没有一个人回答的话，那怎么办呢?”或者“委员会应该只想要来评价我的工作，而不愿意参与交流。”

这些反感的情绪，一般不是因为经验而引起的。其实，当演讲者直接请求委员会表达意见的时候，他们通常都能够得到有益的反馈。一般客户要求“表达后就要回答问题”是大多数情况适用的表达形式，以便演讲者不会花费所有的时间在他或她的评论上。很少有建筑师考虑到别的可能性：一个包含着好多问题和答案的采访，包括委员会也向演讲者提出若干问题。其实这个方法比没有留时间打断讲话的正式表达要好得多，这样成功的可能性就更大了。吸引观众进行讨论，互相交流关于有意义的议题，尽量减少没有打断的正式表达。

“人们对你所说的话会用精神和言语层面来同意，不过他们对自己所发现的会深信不疑。”

——里克·华伦(Rick Warren)

The Purpose-Driven Church

交流的重要性是不可能夸大的。怎么能够让交流和表达形式产生关联呢，如果你能够影响形式的话，你就应该总是选择最有可能进行直接交流的表达形式(图 2.1)，而不需考虑观众数量的多少。很多演讲者假定错了，他们认为随着观众的增加，交流就可能导致迅速下降。在一个简化的模型中，你可以看出，随着观众数量的增加交流确实减少了。但实际上，它在直线部分并没有下降(图 2.2)。如果你有 20 个观众的话，比 10 个人一起讨论，互相交流的机会就会更少。同样地，如果你的观众有 200 个人的话，比起 10 个人，交流就不应该减少 95%。你的目标，不管观众多少，应该尽量和他们进行交流。这是能够把观众的注意力放在你身上的其中的一个办法。在第五章会对这个话题进行更加深入的探讨。

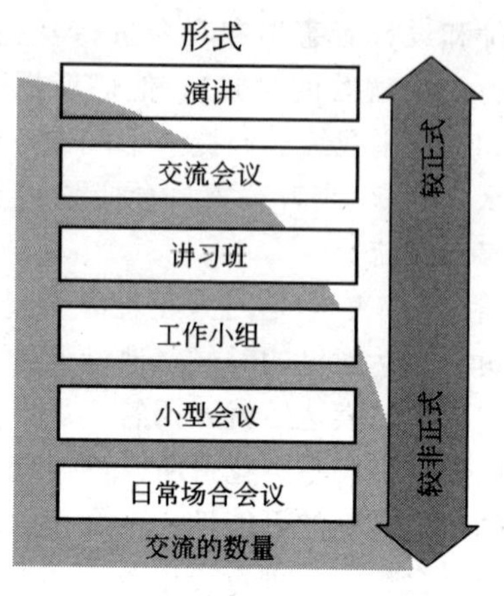

图 2.1

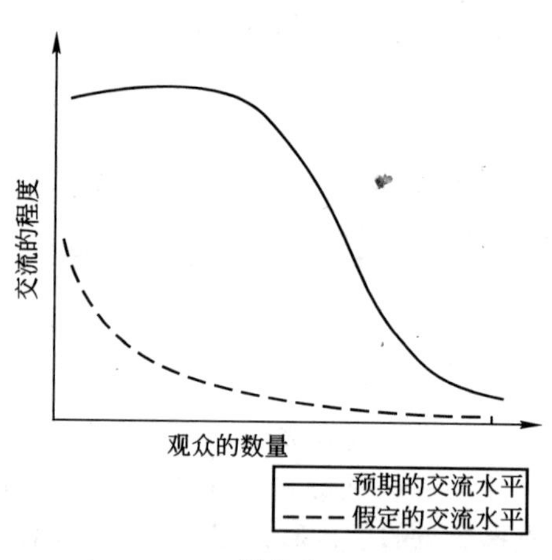

图 2.2

有一些表达形式是非常可取的。下面的图表关于一些表达的普通形式，每一个都附有简短的讨论。它们都是按照顺序从最正式的到非正式的来整理，并且包含着较丰富的含义。你应该把讨论塑造成为非正式的形式，这是个能够促进彼此交流的好办法。

演讲

在演讲当中，一个或者更多的演讲者上台(有或没有视觉设备)，在作为完全被动角色的观众面前说出内容。这就是“我

演讲方式概况

- *演讲*：众所周知的形式。
- *交流会议*：根据交流的计划传递内容。
- *研讨会*：在有专业知识背景的领导下进行更公开的讨论。
- *讲习班*：在没有专业知识背景的领导下进行公开的讨论。
- *小型会议*：在非正式的领导下进行讨论。
- *日常场合会议*：广泛的与公开的讨论，有时候缺少话题。

说——你听”作为分配知识的形式——完全是传授知识的活动。因为观众是被动的，并且缺少了演讲者的动作，因此演讲属于最正式的，是有着很少吸引力的一个表达类型。有吸引力的职业演讲者比业余者的表达更能够成功。对专门设计者，如果真的需要生动的演讲形式，他就需要离开演讲台，否则就会让观众觉得无聊，就像好多大学教授做的一样。

交流会议

“Dialecture”（交流会议）这词是神学者约翰·格斯特纳教授(Dr. John Gerstner)对他最喜欢的表达方式创造的新词：在前边让一个或者几个演讲者进行表达，不同的关键在于：演讲者欢迎甚至鼓励分组来交流。交流会议允许澄清和提出问题，因此会把内容进行的更加深入。交流会议的成功关键是在于演讲者必须愿意让流通的意见进行一段时间，等到一个听众提问题。如果你说得过于冗长，用很快的速度把你所想的意见不断地说出来，这就会使得其他人不会将自己的见解完全表达出来。不过如果能够把它顺利完成的话，这就是个最有效的“一个在许多人之上”的表达形式之一。

研讨会

在研讨会当中，一个领导对题目有相当多的知识及见解，他会带领讨论一个话题，其他到场的人将参与讨论。他们对领导有着共同的期待，就是期待他或她比大多数参加者会更多地说话。研讨会允许所有的参加者了解话题——了解他们自己和其他人的话题。研讨会的限度是在于组的大小：比如如果有 20 余个参与者的话，意味着分组的可能性减少，那效果也就相应减少了。不过对大多数设计演讲者来说，研讨会的形式比较适合他们。

讲习班

讲习班看起来像个研讨会，而且可以在同样大小的房间进行。不过有一个关键的不同。在于讲习班中一个领导帮助一个组讨论问题的时候，他或她不需要有好多专门的知识。差别的关键在于可能领导(也就是你)和参加者都对题目不太理解。当你没有拥有对话题的熟练度时，或者当你对这个问题需要更多的知识时，这个形式就是个非常好的选择。为了建立协作，形式的协作及领导者的谦卑角色对话题的深入是有所帮助的。这个形式对建筑师来说尤其管用。

小型会议

一个会议能够把好多不同看法的各个部门的人召集起来，一起讨论一个问题或者话题。(这形式不要和一般的“会议”表达混在一起，它是大规模的，从不同地方来的同事在会议或者大会中心集会进行问题讨论。在这里“会议”的类型更倾向演讲的表达，然而较非正式形式也是有可能采用的)。小型会议经常没有领导，或者是因为领导的地位并不那么明显。从演讲者的角度来看，一个会议应该是采用“坐着”的方式进行表达。就是说环境越倾向于非正式，你就越有可能达到你的预期目标。

日常场合会议

在非正式的场合安排中，一群人在这样的环境中讨论一个或者更多的话题，经常没有方向，甚至有时候没有结果。有的人可能会争论因为日常场合会议的环境实在是太非正式了，因此最终使你达到不了目标(看上面的动机讨论)。不过也因此，日常场合会议就能够让交流变得很有效果，因为在这样的场所中能够把时间的压力及正式事务给忽略掉。因此这样的非正式场合就能够成为产生巨大作用的表达环境，而且你的表达也不会违反非正式的精神(使用电子计算机操作在这样的环境中来表达可能不太合适)。在日常场合会议中特别期待积极的互相交流，因此所提出的意见一般会有发展，尤其是在头脑风暴及互相交流发展的时候。

挑选一个形式

选择使用哪个形式——假定你有选择权的话——应该按照这个问题“我的动机是什么?”进行回答。要想让听众听你的，你应该做什么呢? 很显然，虽然有不少建筑师没有抓住这点：给观众演讲时，你的广博知识会使他们感到钦佩，不过他们不会让你成为合伙人。你注意到从演讲到日常场合会议，随着形式的不同，越非正式形式的演讲，演讲者就越能与观众接近。这个事实就和你一直主张的相互协作、互相交流，和有组织的团队合作保持高度一致了。然而演讲者在表达关于团队协作概念的时候，可能对观众来说，他是个自视过高、喜欢玩弄概念的人，而不是一个真正的团队协作者。

如何演讲

另外，进行表达的一个基本要点，就是找到和你的动机有关系的要素，这些要素共同决定了你如何演讲。这个判断没有那么显而易见。当然你除了表达以外，你还要说，朗读，及采用其他的演讲方式。不过采用一些演讲方式，同时结合你挑选的形式及方法，对你达到最后的成功会有帮助的。

如何演讲

- *记忆你的演讲内容*。只要你上过表演课，有空去练习，并且有自信心就不会把它弄糟。
- *按照手稿来演讲*。除非你在会议之前已经反复验证，否则就避免这个方法。
- *按照大纲来演讲*。帮助你在每个观点上保持逻辑顺序及产生新的想法。
- *不用讲稿的演讲*。显示你能掌控所谈论的话题。
- *即席创作的演讲*。显示你突发的灵感和创造力。

下面的内容在各种各样的表达当中简要挑选了一些常用的表达方式，和表达的形式是分开的。这些选择更强调你怎么演讲，而不是强调你和观众怎么交流的。按照表达的形式分为较正式到较非正式(图 2.3)。

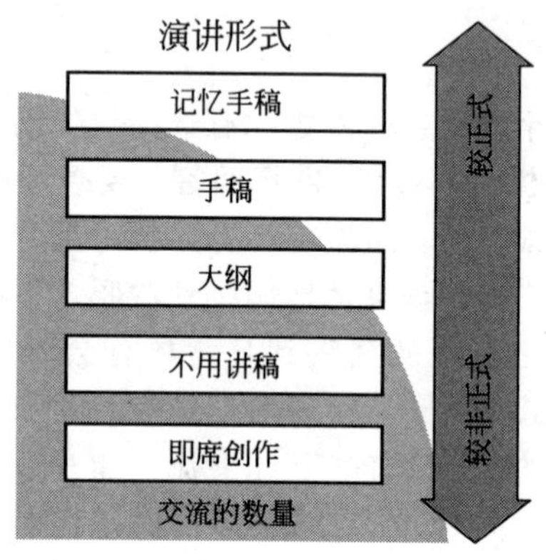

图 2.3

记忆手稿

表达中记忆从头到尾所有的手稿就是最正式的表达方式了。这个方法的优势在于你表达中和提前一天所说的话是一模一样的。对大多数人来说记忆手稿是比较辛苦，并且随着岁数的增加记忆大段内容就更难做到。大概 5 分钟左右的一个演讲需要 4 到 5 页的讲稿，这对专业演员来说是个比较高的要求，而对繁忙的职业设计者来说就更不必说了。在公众场合，记忆力是很重要的，因为如果你说话时犯错误的话就没有办法补救。更坏的是记忆演讲会听起来没有意义(经常发生)，除非你本身就有很高的天赋，能够把你背诵的内容变得更有情感。专业演员一直努力保持有精神及饱满的角色——那工作过度的职业设计者，他们还得付出多少努力让记忆的内容保持新鲜呢?

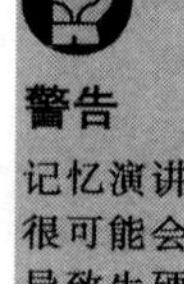

警告

记忆演讲很可能会导致生硬与无趣的表达——除非你是个专业的演员。

手稿

很明显，记忆手稿对大多数演讲者不是最好的选择，他们都认为还不如直接读手稿。也许这不是个通过口述传达报告的好方

演员眼中的记忆演讲

有个关于记忆演讲的争论，“难道这不是真正表演者做的吗？他们也记忆演讲吗？”当然，专业演员（和业余爱好者）也记忆演讲内容。什么能够区别专业演员和业余爱好者呢？就是专业演员有能力让演讲听起来如同不是背诵的。而业余爱好者的演讲经常使用不适当的台词，及因为语言的韵律问题让他们的演讲听起来是背诵的。这韵律经常让观众听的时候觉得不舒服。

记忆手稿的其他方面就是单独演讲的问题。一般演员担心很长时间的单独演讲，因为他们必须要记忆一页甚至几页的手稿，其实这个比对话更难记忆。在会话当中你只需要记忆一部分，也就是说，在你讲完你该讲的部分后，你的同事会接着你的内容继续讲的。那些优秀的演员在现场忘了该说什么的时候，他们比较喜欢即席创作地表演。单独演讲呢，演员在舞台上一个人呆着，记忆出问题的话，别的人就帮不了他或她了。这就说明了为什么对大多数专业演员来说单独演讲是个很严重的问题。

对建筑师来说含义就很明显了，你自己或者其他人不要在很长的时间演讲（对演员来说2分钟的单独演讲已经是个“很长”的演讲了）。为什么剧作家很少进行单独演讲的一个原因，就是因为在很长的时间中单独演讲者会令观众厌烦。为什么我们专业的设计者在准备表达时不同样使用这个重要的准则呢？

法。读手稿会有侮辱观众的感觉，就好像只给演讲者自己读，而不管观众能接受多少（读诗或者读作者自己的小说是例外，不过这是个文学的事件，而不是有说服力的表达。其他的例外可能是学者的报告，就是作者被强迫习惯读她或他的手稿；不过这也是学校的程序，而不是专门的实践）。实际上，在设计者的实践当中，读手稿可以让观众会觉得无聊和不感兴趣，你达到目标的可能性多半会导致失败。像记忆手稿一样，它唯一的优势只在于你能够说出来你所打算说的话，不过如果想到观众会因为你遭受痛苦的话，这个优势就不重要了。

警告

读手稿是传达信息最差的办法——你在演讲前练习的时候才使用它吧。

大纲

如果你想要按照手稿来表达的话，有更适宜的就是按照大纲来演讲。大纲会帮助你保持表达题目的顺序，不过千万不要单调地读手稿。我们都在学校里面学习怎么创作大纲（我们做过，不是吗?），它们的结构没有辩论的结构那么重要。如果你加入了附加观点，或者大纲在卡片索引或设计屏幕；或者你更喜欢使用罗马数字或 A-B-C 的话都是没问题的。按照大纲来演讲是为了唤起你的记忆，因此使用了简短信息来表达你想说的话，这样每次你演讲的时候都将使用不同的、新鲜的词汇。特别重要的是，当你发现自己在读很简短的与不能理解的讲稿时，大纲里面你所使用的语言都是不准确的。更多要讲的是关于适当地使用电脑来表达的事。在此情况下要注意的是，大多数使用电脑进行的演示或表达实际上都是按照大纲来表达的。

不用讲稿的表达

在所有表达方法当中，它是最有可能帮助你达到目标的方法之一。单词“不用讲稿的”是从拉丁语演化出来的，它的意思就是当你进行演讲时，把想说的话直接说出来，而不借助任何材料。和接下来的演讲方法不一样，不用讲稿的表达不是什么都不需要准备的。不用讲稿来表达需要好好准备及掌握和题目有关的知识，这就像记忆手稿的办法。不过有一个很明显的差别就是：在记忆手稿时，重点在于词序，就是要保持它原来的顺序及结构。在不用讲稿的表达中，重点不是在于个别的词，而在于你想要传达的意思。不用讲稿的演讲者相信，如果所有的意思都能够被理解，争论也都被解决好的话，表达就会自然的进行下去。

按照作者的经验来说，最具有说服力的演讲者是在任何场合都可以不用讲稿来表达的，他们的能力及可信赖的表达可以说是最好的讲稿素材。不用讲稿的表达当中只要有明显的热情，有强烈的兴趣，以及丰富的经验，就能够让演讲者很容易地说服他或她的观众，来同意他或她的主要目标：不用讲稿的表达才是观众们真正想看的舞蹈。

另外，“不用讲稿的”的意思就是你没有使用任何笔记。如果有辅助的视觉工具和你所说的话有关系的话，它们没有包含着你所讨论的关键(或者如果有的话，并不是你跟随它们，而是它们作为你的辅助手段)。这样你就可以自由的处理你想做的事，

空白的议程

一个既需要胆识又可能获得优厚回报的表达方法，是在不用讲稿的表达与即席创作的表达之间的存在。就是进行“空白的议程”的表达。当表达快要开始的时候，这个方法让主持人向观众提问题，询问表达中哪个话题需要重点说明的。所有的话题都是在黑板上写着，然后按照观众所安排的议程来进行表达，而不是演讲者来安排。可能这个方法听起来很危险，其实它没有你想象的那么难。不过它确实需要比较细致的铺垫准备，这也是好多即席演讲者所知道的。

空白议程的关键在于你的能力，就是在讨论中你怎么预料观众提到的一些主要观点问题，及怎么去准备回答那些问题。在这个方法里面，唯一你不知道的事就是话题的顺序。如果最初你的客户想要谈预算的话，没问题，首先就谈预算吧。你只需要准备好多可能性的讨论范围，把它们分配在一个人或者几个人的身上，然后按照观众所安排的话题顺序来带领他们进行表达。这没有听起来得那么难，反而会使你们看起来是有所准备的。另外，也让观众在表达中觉得自己扮演了举足轻重的角色，而不是处于被动的位置。

使用各种各样的方式来吸引观众。最重要的是，这说明了你能够向观众提问题或者意见而没有冗余的感觉(这个概念会在第八章更深入的进行论述)。

即席创作的表达

当喜剧为每个人所熟悉的时候，有一个词以“即席”著称，在这里它的意思就是在你进行演讲的时候就去进行适时而必要的即席创作。这个方法需要大胆的尝试，如果能够把它完成的话就会取得相当的成功，但如果失败的话结果实在不可接受，因此我们几乎并不想推荐它。要在表达中使用即席创作就要对当时的情况进行必要的反应，比如：观众提出的好多问题或者意见，表达中你所创造的形象，及你同事的思想。潜在地，即席创作表达会作为艺术创作的有力手段，如观众对于电视节目“这是谁的台词?”的喜好一样。不好的是，即席创作的表达仍然使你看起来像是事先无准备，无精打采，毫无兴趣的或是不够专业。这些潜在的风险甚至在最低水平的表达当中还是会对即席创作的表达方式产生消极影响。

有“盐分”的语言(卖弄关子的语言)

“你引导一匹马到水中，如果你在它的燕麦放盐的话，你应该肯定它的确会喝水。”

——加里·斯马利(Gary Smalley)

很显然，使用“盐分”的语言(卖关子的语言)把表达变得更有情趣是个不太好的建议。不过作者与加里·斯马利交谈时，他建议演讲者在表达中应该“加盐”。让这些有趣的和有吸引力的事情保持听众的兴趣。有“盐分”的语言提示以后会出现有趣的东西(比如，“再过几分钟，我们会给你些有趣的想法。”)。这和本地的新闻广播每天做的事是相似的，当他们用一个故事戏弄你时，就预示着再过几分钟就要播出的预定故事，都是为了不让你走开才使用的。

你怎么使用“加盐”的表达才能有效呢？这里有一些技巧：

- 提到某事而故意没有提到它的名字。
- 展现给观众表达的结构，让他们知道他们所期待的内容。
- 使观众意识到你在表达中已经讲到什么部分了。
- 推迟回答问题(“很有趣的问题——如果你可以忍耐一点的话，我们打算再过一会就来回答你的问题)
- 要保留相当重要的内容在最后的表达——不要把你最好的“故事”放在最前边的部分。

经验方法

即席创作作为专业设计者的一个说话方式，如果能够把它完成的话就会取得相当的成功，但如果失败的话结果实在不可接受。

关于即席创作的问题，演艺行业是个有趣的实现载体。比如喜剧团体，作为专门的即席创作团体他们也承认，实际上大多数有才气的喜剧都是提前被准备的，至少会回答已经问过好几次的问题。有经验的即席演讲者可以随时演出全部节目——你是否应该倾向于尝试即席创作的风险，这是个可以使用的不错策略。

总结

在演讲者的头脑里面是否有清楚的目标决定了是否会产生有效的表达。这个目标就可以作为演讲者所说话的动机。如果想要理解你的动机并且尽量利用它的话，这里有一些比较重要的技巧：

- 定义演讲中的一个目标作为所达到的目标或者定义观众的反应，比如由于听了你的话，观众就会按照你的话去做(比如，“雇用我们来完成你的项目”)。

- 按照大纲来表达，使用简单的叙述观念作为情节结构与角色，把表达个人化而不是进行事实的背诵。
- 要选择能够使你和观众达到最有效的互相交流的表达形式。
- 要选择会帮助你达到目标的说话方式。按作者的看法来说，不用讲稿的表达方式是最好的选择，另外一个就是按照大纲的表达方式。

第三章 熟悉你的台词

“成功的表演者不是个诚实的人，而是个有圆滑舌头及灵巧双手的人。”

——马克·金威尔(MARK KINGWELL)

多伦多大学(University of Toronto)

一般演员的噩梦就是当他或她走上不熟悉的舞台的时候，其他的演员都已经知道了他们的台词以及期待地看着他或她表演。问题是还没有把手稿好好地掌握，因此不知道自己的台词。

熟悉你的台词，这样一个戏剧中的基本规定，可能对专业的表达来说是个比较奇怪的诫律。不过当专业的表达要熟悉你的台词的时候，和当演员需要记忆手稿的时候是不太一样的。熟悉你的台词需要你为达到表达的目的好好准备。

表达成功的关键

“好运来自精心准备的智慧”

——彼得·德拉克(Peter Drucker)

如果只有一个钥匙能够把成功表达的门打开，那不是技术的窍门，不是记住名字的能力，也不是胜利的微笑。而是掌握所要讲述的话题。如果你回顾一下曾经看过最成功的表达的话，你就会发现所有的成功演讲者的共同地方是在于他们都知道自己在说什么——或者至少看起来知道。

掌握话题是个简单的主意，却需要复杂的应用，以及包含着必须要考虑的好多方面。不过“熟悉你的台词”这个诫律的核心就是要认识到每个成功的演讲者都必须要控制内容，以及对题目也要有足够的知识，能够给观众既有意思的又令人信服的表达。

那么掌握好话题到底是什么样子的呢？也许它像福音传道者在圣经里面给出的信息；或者像喜剧演员在全国的好多城市，在许多俱乐部，给观众做例行的喜剧表演。也许它像飞行员在给游客作关于飞机的各项能力简短的解释，或者像在百货大楼里面的产品展示。不过在所有的情况下，演讲者的说服力及威信是在于掌握好将要被讨论的题目。其实相比较于要知道演讲者有没有带口音，或者他是否穿着棕色的鞋子，或者她的牙齿上有没有口红等等，掌握好话题就更重要的多。真正的大师，不管是建筑师或是修鞋匠，他们都会具有令人信服的表达，而不像一般的演讲者只是一知半解的来表达。

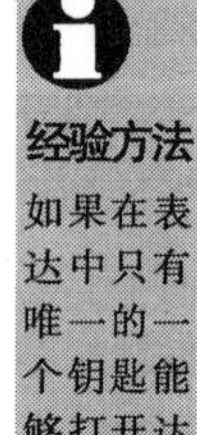

经验方法

如果在表达中只有唯一的一个钥匙能够打开达到成功之门，那它肯定是掌握好你所要讲述的话题。

反过来讲，想想你曾经所看过的失败的演讲者。大多数的演讲者演讲失败的主要原因也许不是因为令人烦恼的个人习惯，而很有可能是由于紧张使得表达变得没有效果。其实在表达中紧张并不是舞台上的障碍，而没有完全掌握好的话题才是，就是说演讲者实在是没有充分准备来掌握好他希望表达的话题。

我们就来仔细地观察怎么通过掌握好话题能够让专业的设计者看起来更加有说服力吧。掌握好话题的主要关键就是研究与排练。不过以后你就会发现，排练不是人们一般在准备表达时是怎么想的那种行为。表达中有两个主要因素：内容与传达。准备内容时可能就比较直接，而准备传达时就没有那么多的可借鉴的重复经验。我们不妨参考本页旁注内容吧。

研究

赢得辩论不是很难的事情——只要努力做就会取得成功。成功的辩论者是一个对辩论对手进行过研究的人，并且会把他或她所研究的东西利用在白热化的争论情况下。有两个重要的原因，第一，准备得更好的辩论者自己都知道他或她已经准备得很好，这个心理准备对自信心与放松感会有很大的帮助。第二，辩论比赛的裁判(就是观众)认识到需要尊重准备得更好的辩论者。可能会有人说实际上他们都给辩论者加分，几乎都没有考虑到他们的关系，甚至他们的辩论的准确性。在北美一些西方国家，把事实用来加强论点在重要性方面甚至超过了逻辑和口才等方面。

专业的演讲者没有参加辩论比赛也许并不会有太多的消极影响。不过令人信服的表达，虽然不是在竞争的环境里面，它和看不见的对方就是在进行真正的辩论比赛：用隐喻的方式来说就是影子—拳击的辩论方式。你的对手是观众的怀疑，犹豫及不愿同意你所想要他们去考虑或者去做的事情。这种对手比对应辩论比赛的辩论者就更加困难，因为他们多半是防卫和被主动的，而且你也没有那么多的演讲内容能够建立在基于实际情况的分析。

提醒

你最大的敌人是观众的怀疑、迟疑，以及他们的不情愿：他们不愿意去做你希望他们着手去考虑或者去做的事情。

不过基于实际情况的分析就是你所从事的研究。研究是能够使你做得有效的关键——而专业的设计者经常把他们的吸引力和才能都放在表达上了，或者也有可能放在很有吸引力的一幅画或者放在其他有关的辅助视觉工具上。实际上，应该把每个表达看做一次试验，及对你演讲人地位的肯定，犹豫的裁判们在等着被你说服。像争论要求事实，试验也要求证据。比你修辞的技能，以及基于实际情况的分析就会帮你更好的达到目标。有许多专业的演讲者，当应该花更长的时间在准备和研究上时，他们只依靠屡试不爽的推销术来过日子，是否还有可能？

事实与例证

“没有什么比争论秃头上是否能长头发更荒诞的事了。”

——马克·吐温(Mark Twain)

最令人信服的论述之一就是事实报告。在我们的社会当中，没有比数据更加贴近“事实”的了。因此比如这样说“我们的公司已经设计了一些高质量的消防站”，你还不如说，“我们公司已经设计了 8 个消防站，它们具有相当优秀的质量。”或者比如这样说，“我们非常注意控制费用问题”，还不如说，“按照预算，我们公司在 26 个项目中已经完成了 24 个项目，剩下的两个项目只超过了大概 2.5%的预算左右。”你是否看见这两个例子中，第二个陈述比第一个陈述更令人信服？当然，这意味着你所说的事实是真的。也许你也会在某些情况下说假的事实，不过最后它必然会给你带来灾难性的后果。

经验方法

我们的社会当中，没有比数据更加贴近“事实”的了。

例证和事实很像，不过《今日美国》报纸，就更容易被理解了。例证比较和论证你的题目。我们再拿两个陈述来比较吧，第一陈述：“我们设计学校的经验很丰富”，第二陈述：“最近代表会议研究指出，四个美国小学生中有三个学生在不符合标准的建筑状况下进行学习。”虽然第二个陈述和你的公司完全无关，不过比概括地说“我们知道了好多学校”，第二个陈述会更加强调你的观点。

事实与例证的主要关键是在于它们的具体性。这具体要求你做一些研究(在你的社区里面有多少学校呢？及它们里面有百分之多少是属于不标准的学校的呢?)。这具体知识的事实会使得你对话题变得更加有把握，并且会使你成为更有自信心的演讲者。

对这个要点可能会有人提出反对：如果记忆力不好的话，一个人怎么能够通过记忆很少的事实和例证而来表达呢？有两个回答。第一，记忆事实是好的，不过在表达中并不是你必须要记忆所有的内容的。如果记忆事实比较难的话，来使用笔记也可以的，而且它也会给你带来安全感。虽然你给观众读完了笔记，不管从便笺本，信纸，或者幻灯片，不过你所说的事实还是不够的，而且你还会失去了你的作为熟知题目的演讲者的可信度。你不用记忆所有的事实，不过你必须要对每个事实熟悉，这样做的话你才能够作为掌握话题的精通者。

辩论大师比尔・克林顿(Bill Clinton)当时在阿肯色州政府时，在他的对现任的总统乔治・布什(George Bush)的辩论战役中，论证了事实和例证的价值。布什总统说他支持保护社会福利。然后克林顿给出了详尽的答案，表示了他不仅仅知道社会福利有困难，而且他还提出了关于当年会耗尽各种福利基金的可能，以及我们怎么能够来解决这个问题。事实上社会福利在克林顿就职的八年期间没有被改革过，但这并不是要点——要点就是在于他对掌握事实的熟练程度使优秀的辩论者赢得了这次辩论（以及之后的选举）。

排演

通过认真的准备来掌握好话题其实只是熟悉你的台词的一部分。另外的一部分就是能力——与自信心——使用令人信服的方式来传达你所准备的材料。对大多数的设计者，这是意味着排练表达。而且有好多建筑师一直用这个方法，他们经常排练重复想说的必要细节，一直读手稿到所有的词在他们的头脑里面都被印记。不过我们不想推荐这个方法。

不过比死记硬背的排演方式，根本没有排演就更加不值得提倡了。如果已经排演了好几次而表达的效果还不尽如人意，没有通过排演的表达部分效果也许就更差了。这就是设计者最不屑一顾的以及最容易忽略的部分，总是想我们是成功的建筑师，或者我们都很忙，或者我们觉得我们的时间很有价值，所以我们就会很快的表达，只准备图板，与利用我们的胜利微笑与职业套装就行了。甚至最简单的表达要求你对会议的组成部分都要熟悉：你的议事日程，你的目标，你的辅助的视觉工具，空间设备，照明设备等等。不要认为正式演讲的时候所有的工具和设备一应俱全，这样想你会失败得很彻底。我们来看应该怎么做能够让你的目标更好地实现。

实践的似非而是

不像在戏院里那样，重复排演是记忆的关键：对于专业的演讲者一般他们越重复效果就越不好。因此，实践的似非而是在于：你应该练习表达内容，不过你需要（或者不应该）练习表达。

这是什么意思呢？这就意味着在表达中一直重复特殊的词汇会使你的话语变得乏味；似非而是的语义就在于此，你越重复它你就越变得乏味。相反来说，你在观众面前说话的经验越丰富的话，你在任何情况的表达就会变得越有自信心与放松。对这个事实有许多职业者都知道，就是他们以后在职业当中才发现其实他们所需要的不是更好的撰稿人，而是更多说话的实践机会。

建筑师在观众面前说话的机会是相当多的。下面有一些建议：

- 你所在的美国建筑师学会(AIA)可能有了演讲的场所，一些建筑师愿意给某个俱乐部会所说明关于建筑物或者个别专业方向的内容。实际上在社会当中他们很需要那种人，就是能够把内容传达得更浅显更有意思的人。你就会考虑加入这个组织作为来提高你的表达能力比较容易的方法。
- 有一个或更多的专业贸易协会和你经常从事的设计有关系——也许你已经成为成员或者有亲密关系的会员了。这个组织有相当数量的会议和大会，并且他们对传达相关内容的演讲者都会表示尊敬及感激。
- 如果你有孩子的话，考虑给他们所在的学校说一说关于建筑的题目；或者在求职日的时候当自愿者去演讲。不过你不一定必须要有孩子才能说话，如果你没有孩子的话就去随便找个学校去发表演讲吧。
- 永远会有愿意发起活动的领导者。他所在的组织就会帮助它的成员提高公众说话能力。
- 想别的方法：自愿参加做晚会的主持人，进行拍卖，在你的协会做个节目介绍(给别的说话者介绍，对无经验的演讲者来说是个解决舞台上怯场问题的好办法——这是个很低风险的活动)。

关键不是在于你做了多少，而是在于你怎么能够利用每个机会来给他们介绍你自己。这不都是关于销售部门——很少有合格的领导者是从职业的表达锻炼出来的——就是在一群人的面前，当他们对你所说的话也许感兴趣，也许根本不感兴趣的时候，你就更加需要增加自信心——就像在工作一样!

百分之一千的规则

“去准备是泛泛的预备，不过只有大概百分之十左右你所准备的东西有用。不过，你一旦已经准备好有关的内容，它就会自然的表现出来。你也就会忍不住地把它表现出来。”

——蒂姆·迈克卡沃(Tim McCarver)

迈克卡沃的引语对专业设计者来说，抓住了熟悉你的台词的本质：即便好好去准备演讲的话，你也会把百分之九十将要说的话遗忘掉。在简单的数学关系当中，这意味着你需要准备好百分之一千的内容。这就是使说话者真正把话题掌握好的百分之一千的原则——这会给观众以深刻的印象。

应该怎么做才能够获得这百分之一千呢？明显地，这不只是和下属设计者整晚讨论你从来没看过的一套图这样的事。也许意味着，和设计者要大致进行讨论，或者至少要提前到场把所有的表达内容熟悉一下。意味着要知道你的辅助的视觉工具的十个方法会给你带来不便(因为曾经都发生过问题)，及怎么来解决每个问题。意味着观众所提到的问题甚至他们想这些问题之前，你都知道他们就会提到这些问题以及大概知道了应该怎么回答。甚至意味着你都明白应该怎么操作照明设备。

技巧
如果你还没有准备好去做表达的话，就去找到合适的人——甚至如果你认为他们不是有能力的演讲者。

你会说，“一切看上去都不错，不过有时候当我应该准备好的时候我却做不到，而工作要求我去表达。那么在这样的情况下我应该怎么做才好呢?”答案就特别简单：不要去做。如果你还没有百分之一千准备的话，你就没有任何内容可表达了。要考虑到下级分担的部分，他们都已经在认真地工作，并且在你的指导下提供所有必需的设备。假如你们都工作在同样的目标下，你就会看到从未见过那么成功的表达。

有用的排练

怎么对待下个星期你必须要去做的表达？是不是不用去排练了呢，只依靠上个月的晚会经验，或是作了男孩狂欢节主持人的经验？不是。有一些排练是必要去做的，不过不是那种重复同样用词的排练，从而使它们变得没有意义。

那么有用的排练到底是什么样的？你需要为排练作准备，像你为表达作准备一样。你应该把注意力放在内容上，不过不要只放在内容上。下面的检查表会帮你为排练作准备，同样对你想要达到的目标也会有所帮助：

- 对方是谁？理想的情况，你应该知道每个观众的名字，以及做一些研究来理解他们的关心要点是什么(经常被称为“热点”)。

- 表达在哪里进行？如果有可能的话，你在表达之前应该去看一下表达的场所，因此你就会为今后的演讲创立合理的行走路线。
- 你的目标是什么？（参见第二章，“我的动机是什么？”）
- 我需要说多长时间？给定的时间是固定的还是灵活的？
- 哪些辅助的视觉工具最有用？理想的，这个决定会在你排练的时候去实行，这样你就会有所有道具可供练习。实际上这样的情况是很难得的。
- 谁会参与表达？要认出表达中的关键角色及主要响应问题的人。
- 如何组织内容的结构呢？（参见接下来的部分，“结构”）
- 每个演讲者有哪些内容原则要点需要详加准备？演讲者有没有足够的论断来详细地指出这些要点？记住蒂姆·迈克卡沃的引语：关于百分之九十你所准备的东西是没有被使用的。因此你需要知道，你到底有没有百分之一千所需要准备的东西呢？

结构

技巧
人们对接下来的部分比较感兴趣——这样就要求你清晰的组织表达的结构。

由于讲了很多表达的形式，也许现在要讲的题目，就是结构问题，感觉与前文稍显重复了。不过，这个题目指的不是关于表达的形式（研讨会或是讲习班等），而是关于你需要表达的具体程序。细致的结构并不是不好——虽然有一些客户（或者其他有关系的人）比较喜欢散漫的挑选内容，而你根本不知道会从哪里开始或者什么时候会到这个部分。如果希望人们对接下来的部分感兴趣——这就要求你清晰而有条理的组织表达的结构。

记住所有的内容应该要支持你的目标，你应该把表达的结构组织得既简单又值得注意。怎么做呢？就是要严格的限制主要要点的复杂性。比如，如果你的演讲是关于销售部门的，你可能就会把主要要点限制成为：“关于我们公司较少的要点”与“关于你们的项目较多的要点”。在这个主要的标题下可能会有三四个副标题（比如，“管理费用”），不过大纲应该要特别简洁，这样使观众感到费解的可能性就会很小。

一些令表达清晰的手段的好处。一般把这个方法称为“告诉他们你会告诉他们什么，告诉他们，再告诉他们你已经告诉过的”。也许它看起来比较简单，并可能有点学究，不过它经常帮助观众理解表达的方法，就是说开始时就把主要要点都说出来，然后在表达的核心中让它们发展起来，最后在结束时又把它们再陈述一遍。在表达中这个方法对主要要点产生不确定性的可能性很小。相反的表达方式是说，简单的开始进行演讲，然后就让观众猜一猜接下来的部分你会说什么内容，这个方法对戏剧表达的效果很好，不过一般来说对专业表达的方面不太好。甚至戏剧(或者至少音乐戏剧)都会有记录程序的笔记，当行动开始时就给出大概的建议与怎么组织故事的结构。

如果你的表达是属于简单的情况(比如，你来表达设计概念)，你可能就不用这种结构重叠的手段。也许这样说也就足够了，“现在我们就会给你们看一看我们设计的前瞻性——首先请你们看这些图，然后我们讨论关于下一步的计划。”除非你是在五角大楼(Pentagon)从事军方工作，否则简单的表达就不需要罗列出 12 个项目的议事日程。不过大多数你从事的表达中应该要包含着观众所期待的一些想法。

总结

在这章当中，我们都了解了“熟悉你的台词”的重要性，就是按照我们所讨论过的内容，你需要把表达的话题好好的掌握。掌握好话题可以说是好与差的表达之间的差别。

作为掌握好话题的必要部分，下面就来介绍一些重要的建议：

- *研究*。如果掌握好话题是成功表达的关键的话，那么研究就是掌握好话题的关键。没有别的方法可代替，就是说它会使你对表达的材料更加熟悉，会让你掌握事实，并且会帮助你达到你的表达目标。
- *排练*。排练的重要性和研究比较接近，它会给你(和你的工作团队)足够的时间去练习。不过，错误的练习就是一直背诵你的台词，这样做对你而言有害无益。

- *实践的似非而是*。你要练习说话，不过你不应该练习演讲的内容。最好的方法就是尽量经常在观众的面前说话，更适宜的是在比较低风险的情况下去做。
- *百分之一千的规则*。如果想要掌握好话题的话，比你所知道的东西，还要求你知道得更多。实际上，掌握好话题的基础就是在于那个百分之九百的没有被使用的报告内容。——它就会使你作为有自信心的演讲者。
- *有用的排练*。在表达中不用担心你想要说的话：理解空间与家具布置；和你的工作小组一起合作保证顺利的演讲进程关于重复问题，要尽量掌握好你所想要说的内容。
- *结构*。简单的表达同样具有清晰的结构，聪明的办法就是要把你说的话使用简单的与容易理解的结构来组织，并且你需要从一开始就把这个结构传达给观众。

第四章 找到你的照明

专业设计者们很少会去仔细研究戏剧，音乐会，或者喜剧，也没有考虑到怎么照亮舞台使观众能够看到演员。不过，惊奇的是，有不少设计者在特别黑暗的地方进行表达，因为他们害怕幻灯片的强度不够。这个错误不管在大学教师或者专业的环境当中都已经很普遍，甚至已成为实践的普遍标准了。这部分会提到关于在表达中大多数的房间里缺少有合理的照明设备的调节，因此必须要找到解决的办法。

当一个演员第一次上舞台的时候，第一件事必须要做就是找到他或她的照明设备。这是因为和普通的房间不一样，舞台上的照明是直接的，并且焦点一般是固定不变的。有时候一个演员为了要找到他或她的照明设备，必须要调整导演原来的安排(指导应该在哪里站着与怎么移动)——这是很重要的，因为如果观众不能看到你的话，同样他们也不能够听到你的演讲。

提醒

如果观众不能够看到你的话，同样，他们也不能够听到你的演讲。

对演员来说，找到他们的照明设备就意味着在舞台上要适当地改变位置直到被观众看到。对建筑师来说这个方法要被仔细的研究，也要把所有的表达情形都加以考虑。

被看到以便被听到：原因在哪里？

演艺行业的公理认为演员们都要被看到以便被听到。相反来说，建筑行业的专业设计者在表达中必须要放好多幻灯片，而此时演讲者就像是个无具形的背景音。那么为什么如果观众不能够看到你的话，他们就不能够听到你说话呢？

唯一的原因就是因为听力是个不完美的艺术。平时听众对于他们所说的话只能收到了百分之四十或者更少的。而看到说话者就会有相当程度的帮助。

而且看见说话者也会给内容一定的线索。说话者的表情，身体的语言与姿态，都和讨论的内容有关系。如果灯光未能加入到环境中，什么都无从谈起。

最后，灯光与其他会使观众感兴趣东西来对比的话，它最会引起观众放在说话者身上的注意力。建筑师与设计者经常进行错误的假定，他们认为百分之一百的观众的注意力应该放在幻灯片。这是不对的。说话者的要点关于幻灯片与形象的重要性都是一样的，有时甚至更多。

理解位置

由于设计者趋向于把表达作为他们的设计之后的例行公事，因此他们关于表达的位置情况就没有想得那么多。不过就所讨论的内容，表达和戏剧在身体活动方面都比较相似，都是关于谁在哪里，以及关于发生什么事件。因此，值得花费一定的时间与精力来考虑你所进行表达的地方。

令人遗憾的是，大多数的专业表达不是在使用多层照明设备与放映机的会议室设计来进行的。如果你做过好多表达的话，你会看到每间会议室的不同破旧程度，学校里的咖啡厅，休息室，与相当小的执行办公室都可能被设计演讲使用。不幸地，对这件事一般的设计者什么都不说。不过如果你知道有更好的房间或者空间来进行表达的话，而且你的观众也没有感到什么不方便的话，你最好选择这些房间。最不好的结果就是你的请求被拒绝，然后你只能使用原来被安排的地方。

关键问题

演讲的房间经常太小，以至于没法给你有效的舞台，而有时却尺寸太大，太大的房间就很难和你的观众有亲密的尺度感（参见第五章），不过如果来对比的话，小一些的房间还是更好。很差的演讲房间不仅仅会使你和你的观众感到燥热与不舒服，它也没有足够的空间允许你进行生动的演讲(参见第一章)。如果房间里面的家具太多的话而浪费好多空间，就试试看你能否把几个椅子放在外面，留给你自己更多的移动空间。如果你在整个表达一直站着的话，有足够的移动空间也许是最好的选择，除非你在整个演讲一直坐着。

在偶然的情况下当房间太大的时候，最好的选择(如果你有选择的话)就是“利用”观众的后面空间，让他们的座位和你表达的“舞台”尽可能接近。不要因为房间尺寸很大而因此你就想要装满空间，导致把演讲工具分散到不同的地方。创造亲密的角落来进行交流比尽量装满大的空间更好。“现场舞台”是被好多舞台导演使用的流行方法，就是把演员放在观众中间，打破了舞台的传统方法。相比较于传统的将你和观众分开置于两边，考虑在你的表达中使用现场舞台方法，把观众放在你和你的工作团队中间。

技巧
创造亲密的角落来进行交流比尽量使用演讲工具来占据大的空间效果更好。

你需要考虑到你的观众坐在哪里(他们来之前如果你能够看一下房间是值得做的事情)，及考虑到他们座位的位置，要让他们能够看到你和你的作品而同时要看得很清楚。你的主要焦点，除了被看到与能够移动以外，还需要使你的观众感到方便与舒服。不要让他们随便走到你的工作团队跟前来换座位。

“吸血男爵”问题

在你的表达中，你还需要意识到阳光会从哪里进入房间的问题，我们把它形象地称为“吸血男爵”问题。甚至少量的直射光比其他人造的灯彩装饰可能会更加破坏你的设计形象。首先你要找到有没有对于窗户的任何处理方法(窗帘，遮光物)来解决房间的黑暗问题。如果有的话，试试看它是否会把房间变得太黑暗了。有时候阳光透过缝隙射入房间比充满阳光的演讲房间会带来更不好的效果。如果你在这样的情况下表达的话，你就应该把放映机放在不能“看到”窗户的地方，这和你把电脑放在办公室暗处的情况一样。

其他的关于阳光的风险就是你在窗户旁边或者在很大的窗户面前来进行演讲。强烈的阳光，不管房间的照明设备有多么好，它就会使你在观众面前看起来是个黑色的轮廓。办法就是要注意你的工作团队或者至少说话者的位置，注意在他们的后边是否有大面积的窗户及由此产生的明亮光线。在进行演讲的房间里，阳光本身不是个坏事，不过与其他和你的表达有关的因素一样，它也需要被仔细的处理和考虑。

演讲之前

其实不应该再次提出这个话题，不过也许还需要补充一句，就是每次演讲之前你应该做一下房间的设备检查。最不专业的办法就是在演讲之前 3 分钟疲惫地走到演讲的房间，拿着放映机或者图板，然后说“好的，现在我们应该怎么布置呢?”这个方法是既是很不专业的又是极不合理的。

演讲者提前进行房间检查是应该的。让助手替你来做这件事应该是比较妥协的办法之一，虽然他或她的感觉也许不正确，不完善，或者忽略了你应该知道的一些重要的细节。对演员来说，舞台布景的事就不用说了，缺少了准备与仔细考虑会使表演看起来非常不专业。那么我们专业设计者应该怎样对待自己的舞台呢?

提醒

演讲者提前进行房间检查是十分必要的。

偶尔，演讲之前你不允许去演讲的房间。在这样的情况下，你必须要确定你所需要的东西都已经准备妥当(包括各种工具，图板，甚至放映机)；你不能够假定在禁止的房间里面除了期待的观众以外什么都已经准备好了，曾经有一个专业的演讲者想当然地认为在不允许进去的演讲房间里面放映机都准备好了，结果最后他就在同事带来的图板背面放幻灯片。不必说，图板背面给观众留下的印象当然没有表现出他的设计能力和他所考虑的方方面面。

理解机械设备

你一旦有了对房间本身的基本理解之后，最好在表达之前来考虑(或者再考虑)你进行表达的基本机械工具。“基本机械工具”指的是从设立到拆卸的所有和你的表达有关系的一切——尤其是它们的中间部分。基本的机械工具经常被忽略了，因为它们是属于非常普通的工具，每个人都知道怎么使用放映机，怎么设立图板，可不是吗？也许吧。不过如果你的公司刚买了一套你从来没用过的新图板，或者因为有一些零件没了而导致以前的东西没法使用，那怎么办呢？房间里面有没有你需要的工具？你的放映机该怎么放呢？甚至有一些设计小组想要带着旋转的放映机去演讲房间(真佩服这些人的创造力)。

你应该考虑到房间本身的设计。它是否按照有利于你的表达方式来布置呢：即非正式的并且有趣呢？通常组织者会把演讲房间布置成两个部分，一排桌子供你的工作团队使用，另外一排是留给观众的。而在这两个部分之间分开一大块空间。你能否可以修改这房间的布置而并不会使客户感到不愉快呢？如果可以的话，就考虑怎么使非演讲者来到这处空间及利用此空间作为你的舞台。千万不要站在桌子的后面而讲话，要想怎么解决你和观众的距离感问题。好的策略就是来使用比较小的图或者模型使观众从他们的座位上什么都看不到——让他们离开座位而去看。和其他的商业活动一样，当布置房间的时候，要得到观众的原谅比许可就容易得多。

管理照明设备

当你的工作团队提前做演讲房间的调研工作时，要注意到照明设备的问题。它们是否是荧光的，遇热发光的，或者不直接发光的，或者是这三种照明设备的结合。怎么来控制它呢？如果可能的话，去设置你的放映机(如果你使用它的话)，为了你的辅助视觉工具达到最好的照明效果去检查一下照明设备的多种可能性。如果表达中你使用黑板的话，要尽量把它放在最明亮的地方。在层高比较低的顶棚下面，把图板布置在向下照射的小聚光灯会有粗糙的暗点，以及扇形的影子效果。如果在房间里面有照明设备系统的话，试一试把它重新排列是否能够给你和你的辅助视觉工具以最好的效果。要考虑调节电灯强度(如果安全做得到的话)，因为在你的屏幕上会投掷不希望有的眩光(只要记住结束时要把它再调回去)。

最重要的是，要了解房间里面的照明设备亮度水平，这会帮助你决定应该在哪里站着。也许你没办法来弄清楚房间里面所存在的照明设备来源，不过你总是会站在其他地方来解决问题。就看着充满灯光的地板，与记住你在那里能够被看到与不能够被看到的地方。以及告诉给你演讲的同事这个位置。不过你也要注意到你头顶上的照明，以及使你能够被看得见的，中等明亮程度的照明设备。你要尽量站在向下照射的半圆周，同时在你的前边还需要有适量的灯光。

如果你的表达要求在几个点把照明变得暗淡的话，就使用监视器的光线来处理明暗问题。令人惊讶的是有不少建筑师希望在合适的某个时刻当中照明设备能够自动变暗——到现在为止，在设计工厂中还没有感应降低亮度硬件。一般的，在表达中照明停留在一个亮度水平。不过如果需要把照明的亮度减低的话，要确定监视器的照明符合他或她的提示——就是在表达中的特殊要点当中来减低（与增加）照明的亮度——因此你不用请求，“请把灯光打开一下吧”。很明显，如果不是特别需要的话，不要把照明的亮度减低。没必要也不应该在近乎黑暗的房间里说话，除非你非得这么做不可。

在哪里能够找到演讲中最差的照明设备

具有讽刺意味的，最差的照明设备经常会在大会与会议中心的房间里被发现——主要的功能就是给演讲的主持人照明。甚至有三套照明设备（荧光的，顶棚里向下照射的，与小范围的照明设备），甚至装有六个或者更多的照明设备的房间都经常无法给观众提供足够的亮度。这是因为，不管房间里有多少照明系统与调节装置，如果演讲者的垂直表面（脸部与身体）没有被照明的话，实际上他或她就没有接受到很好的照明。去询问戏剧的照明设计者吧，如果在他或她的舞台上的所有照明设备从演员的上面直接照射的话，照明的效果会怎么样呢？

这是怎么回事？专业的设计者怎么能够使用这样的照明设备，来将演讲，讨论发表会，与文件表达作为他的主要目的呢？我们可以假定原因是因为房间的设计者从来没有做过演讲。而且，也是因为建筑师与照明设备的设计者对多功能空间感到困惑，因此不能够（或者不自愿）来思考演讲者会在哪里站着会使他们有足够的照明。

假如你有机会来到设计大会中心的会议房间的话，这里有一些照明设备设计的技巧：

- 十个演讲者中有九个人会在主要入口的对面墙壁站着。当房间被视为一体的时候，一般的演讲者会在空间的尽头站着。
- 建议要给演讲者的脸部与身体（垂直表面）照明，而不是给他或他的头部的上面照明。
- 一般的，30°的水平线是来照明演讲者的垂直表面的最好角度。
- 给演讲者照明应该使放映机的照射区域变得黑暗。

理想的照明设置，对不同的表达同样会有不同的照明效果，包括图板表达与放映机表达。对于放映机，理想的设定可能会使用周围照明的适度水平，使观众之间能够互相看以及能够看到他们的笔记，而使用强度高的照明来照射你和你的项目团队（参见上面的专栏，“在哪里能够找到演讲中最差的照明设备”）。对于静态的陈列，高水平的包围照明是更可取的。在明亮的房间里，你就不用担心着应该在哪里站着，因为它会给你更多的移动自由。在两个情况下都必须要处理日光问题，来避免能够使观众的注意力分散的眩光或荧光。

总结

找到你的灯光意味着，第一你要理解演讲房间的布置。当你进了演讲房间的门口时，如果你发现房间里面的条件根本不适合你所打算的演讲内容，你也不必感到惊讶或是抱怨。因此找到你的照明要注意到这些问题：

- 理解演讲房间的状况——房间的布置，家具，听觉条件，与会影响你表达的其他因素。
- 处理尺寸太大的房间（把家具布置变得紧凑）或者太小的房间（限制你表达范围的大小）。
- 处理复杂的日光问题——避免在眩光的地区呆着，同时避免放映机的照射。
- 派一个人或者一个工作团队（也许包括你自己）提前做演讲房间的调研。
- 管理你演讲的机械工具，必须要考虑到所有的细节（谁来设立什么，在哪里插上电源）。
- 理解与处理演讲房间的照明设备——要知道调节装置在哪里及它们怎么工作，并且做个试验来决定哪个照明设备会给你所打算进行的表达带来最好的效果。
- 当有机会时，就使用更好的照明设备来布置房间。

第二部分

传达你的表达

第五章

面向观众

没有经验的演员进行彩排的时候，在前方的观众席中一般会听见导演的警告："面向观众！"这个部分就会讨论关于面向观众的几个方面，基本上都要求你在所有的时间里要保持你身体一直对着观众。"所有的时间"应该使用非绝对方式来理解：它不是意味着你永远不应该背着观众，而是你不应该在很长的时间里背着观众。

在所有的演讲者当中，关于面向观众方面，建筑设计者可以说是最差的演讲者之一。为什么呢？因为我们经常使用图形或者其他相关的工作形态来表达，并且对着图说话比对着观众说话要容易得多。既然面向观众对演讲者看起来是显然的规定，因此这个方面是建筑师要去努力观察的要点之一，不过还是经常非常失败。

技巧
（几乎）永远不要背着观众。

有趣的是，这面向观众的命令不是意味着你应该对着观众摆好架势向他们演说，好像你是学生会的候选人。你的演讲或是跳舞——如果你以变化较小的角度来面对观众，及把你的身体在不同的时间里对着不同部分的观众使用动作(就是在第一部分所描述的)，就会让你变得更有趣迷人。

摆好架势会使你的状态变得呆板，而会很快地让观众感到无聊，这是个使你难以自拔的陷阱。

开放交流

“面向观众”的必然结果是“开放交流”，就是演员在舞台上与别人交流的时候采用更开放的位置。除非是在舞会当中进行游戏，大多数的人聊天时都摆好一定的姿势并且他们之间也相互看对象。平时在舞台上表达，演员给观众太多的侧面了，这时也在大部分时间里向坐在左右边的观众展示他们的背部。因此演员应该“开放交流”，就是把他们身体的角度打开一点，好像在交谈的样子，其实他们在形成宽“V”形使观众参与交流(图 5.1)。因此，观众就能够作为交谈的第三个成员了。“开放交流”对演讲者有很明显的含义，尤其是当你有更多的组员在同样的时间来演讲的时候。使用“开放交流”这个办法来将观众带入到你的团队当中参与讨论吧。

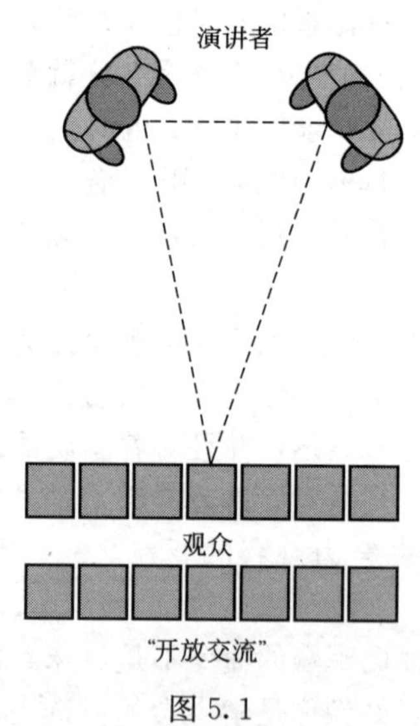

图 5.1

五个“E”

除了关于应该把身体朝向哪里这一显而易见的问题外，有一些面对观众的不同方法需要被关注。这些方法必须要从尊重观众作为前提去做，给他们创造一个活泼的与值得纪念的艺术表演氛围。

五个 E 就是：

- 精力
- 情感作用
- 热情
- 投入
- 娱乐

好好培养这五个品质就会使你远离无聊的表达风格，能够使你的演讲变得更活泼，并且更吸引人。

精力

一个特别的因素，为每个演讲者所希望把它带到舞台上的就是精力。最坏的事之一就是你会对表演者说他或她的表演缺少了精力。不过在艺术表演当中“精力”有什么意义呢？而且，和建筑师做口头表达有什么关系呢？

精力是一些不可思议的精神要素，就像舞会演员“在舞台表演”的时候。你要么有，要么没有；你什么时候会得到或者失去它都是不确定的。这个看法和艺术表演是比较类似的，两个都存在一定的宿命论观点以及有一定的逻辑缺陷，因为如果精力对表演者是外部参照的话，演员对它的存在或者缺乏就没有责任了，而宁愿把精力的存在（或者缺少它）作为表演好（或者不好）的合理化解释。

其他的方法来评价精力就是使用音乐作为隐喻。当音乐变慢的时候与在我们的听觉中它在低频率范围被接受的时候，我们可以认为它是无聊的。通常古典的音乐被称为“柔板”，至少对非鉴赏家这种风格被认为没有精力。相反来说，快节奏的与充满明亮的音乐，像黄铜的声音被认为更有精力（比如当代音乐）。这都是对演讲者提供了很简单的公式：精力像音乐一样，同样是定调与步调的结合，就是：

精力＝定调＋步调

技术上，定调是你的声带在振动引起声音时的频率（按每秒钟计）。一般男士比女士的嗓音定调就低得多，使男士在表现充沛的精力方面根本没有优势。想象一个 30 秒钟的广告，由嗓音比较低的男士以及嗓音比较高的的女士去朗读。假如他们在分配的时间中读同样的文章，你认为哪一个更有表现力呢？大多数的人会回答是女士的阅读。因此，男士演讲者更需要认真地考虑关于他们在演讲中的表现力。相反来说，女士的演讲者就必须要注意不要说得太快了，或者她们会偶然遇到给观众带来的表达情绪过分强烈。然而通常，大多数的演讲者被认为缺少精力而不是有过多的精力。

> **技巧**
> 要使你的表达有表现力的话，你说话时必须要增加你的嗓音的定调，或者你嗓音的步调。

步调就是精力的另外一部分因素。步调就是从你的口里说出来的词的速度——显然，每个单位时间里更多的词相当于更快速度的步调。现在如果你演讲中所培养的好质量已经被观众肯定，那么更快的说话就意味着更好的不是吗？一般来说，大多数的专业设计者说话太慢了，说得太快是不太可能的，然而并不是不可能的。

要提到的关于步调的其他方面是，一般来说，更快当然更好，不过不要把你整个的表达都保持在同样的速度来传达。多样性步调的目的是要避免单调。如果传达的速度没有变化的话，观众对飞快的表达会感到无聊。因此，如果在传达表达内容时你有意识地增加速度的话，考虑在一些地方把速度慢下来，去强调几个要点。或者在一段时间内完全停止，使要点被观众消化一下。你的观众就会更好的了解你所表达的内容。

关于精力所讲过的内容，它的观点在一个方面被普遍接受：就是除了大多数的专业演讲者以外，很少人会提前知道什么程度的精力会被观众感受到。这是因为有一些演讲者能够准确地使用秒表来测量他们表达的速度，虽然这个速度在排练与实际中会有所变化。会被预知的情况就是你在表达中说话的速度会跟着你的心跳速度，一般比排练时就会更快——你也会就此说得更多。因此不要打算为了省时间，你就试图在表达中比平时说话的速度要更快。以后在第十章也会讲关于适时的问题，“知道什么时候开始。”

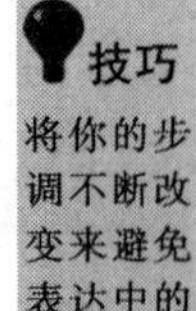

> **技巧**
> 将你的步调不断改变来避免表达中的单调。

情感作用

“如果像我那么愚笨的人都能够当总统的话，那像你这么聪明的人能够做些什么？”

——哈里·杜鲁门（Harry Truman）致阿德莱·史蒂文森

(Adlai Stevenson)

也许在五个 E 当中，情感作用对好多演讲者，尤其是对专业的设计者是比较难达到的。要达到情感作用就要求你和观众能够建立有情绪的交流和互动关系，因此他们能够作为普通人和你进行交流及沟通，而不是作为演讲的被动授予者。

表达技术有越来越趋于自然的倾向，就是它会直接地进入要点，及贯彻所需要叙述的材料。如果演讲者和他或她的观众不能够建立情感作用关系的话，可能达到他或她的目的就会更加困难。这是可以理解的，情感作用会把观众带到你身边，支持你，以及使他们希望你成功。不用说这当然就是令人想要的结果，相比较于任何可供选择的办法，这是尤为出色的办法。

那么你怎么同你的观众将情感作用发展起来呢？这里有一些可能的策略值得考虑与使用：

技巧
马上和观众建立有情绪的关系。

- *开始于讲述关于你自己的情况*。也许这听起来奇怪，尤其当你想要发起表达技术的细节时，但是你总是应该从个人的叙述开始。开始于简短的个人记载会使观众进入你的生活，这会带来简短的幽默瞬间来提高观众的情绪，甚至会带来观众的同情心。
- *开始于幽默的个人故事*（相反的笑话；看下面的“娱乐表演”）。笑是紧张状态的挽救要素，如果故事描述了你的一些令人为难的经验，观众会把你看做是个谦虚的人。
- *始终使用谦虚的幽默来表达*。显然可以看得出来有许多演讲者不理智的向对象直截了当的进行讽刺的与刺痛的评论，这是危险并且是不明智的。误导的讽刺会标志你是个好评论的，自鸣得意的，不谦逊的人。更好的例子就是模仿威茨塔律师，他在每个总结前发起这样的陈述，“现在，也许我是个愚笨的国家律师，不过……”这是个表明你是个谦虚评论的典型例子。如果拿你的工作团队的其他成员开玩笑与你批评观众相比较的话，于后者你就不会达到引起观众的任何情感共鸣的作用。
- *找到你和你的观众的关系要点*。如果你是中年男士，同时给满座的同样中年男士表达的话，应该问题不大。不过现在的经济情况下，在你和你的观众之间，年龄，性别，或者文化的差异问题已经不太重要了。你需要去想一想——在前面的演讲时间当中——要提出能够减小你们之间差距的题目。这也需要看具体的演讲环境，也许可以说说关于爱好和文化活动(比如和大多数观众讨论关于流行的电视节目是个有效的办法)，天气或者对你和你的观众之间比较共同的任何题目。为什么有好多知名的喜剧演员把空中旅行作为例行的题目呢？因为多半的成年人在生活当中，至少坐过一次飞机。

- *分享一些项目的观察报告*，地点，或者客户，来出示你有共同的兴趣与经验。比如，一个演讲者开始谈论的时候说，“有趣的是这个大学的资金是政府拨给的，因为以前我读的学院也是个政府拨给资金进行建设的学校。”进行浅显的观察报告，它们至少创造了你和你的观众之间的一个联系，从而建立你的案例与达到你的目标之间的联系。

热情

众所周知的，由于采用了热情的表达，使得有些较低资质的公司赢得了不止一个项目。热情是什么呢，你怎么去准备它以便随后在讲堂里使用呢？

两类建筑师的故事

最近的美国建筑师学会会议，要求代表者做紧接的，背靠背的建筑表达，这是个有挑战性的表达方法，这里体现了怎么建立情感作用——反之亦然。建筑师学会的金质奖章获得者向普通的会堂听众致词，然后被邀请的普通演讲者随后进行演讲。金质奖章获得者通常是谦卑并富幽默感的，而普通演讲者却表现得大相径庭。虽然在表达中两类说话者基本上传达相似的内容(就是回顾他们有图片演示的作品摘要)，不过金质奖章获得者使用有智慧的和优雅的方法来传达，有时候开玩笑，“我们墨西哥人对怎么使用颜色是不负责任的，”来解释他的明亮的与有颜色的建筑物。

普通演讲者首先打趣使用植物作为大会堂讲台的布置，她说：“我不喜欢自然界，”当然这些观众十分肯定她是在开玩笑。之后她表达关于她的有引起挑战性兴趣的作品。但可以肯定的是，普通演讲者和她的简洁表达风格则无法赢得会堂中的更多观众。

文字上的解释，热情就是你身上所存在的精神状态。每个人都有精神，这是一种个人化的、没有体现的力量来以此指导我们的生活。让全部的精神表示出来是热情的关键。不幸的是，由于在表达中有各种各样的竞争压力原因，因此热情经常被抑制：神经质，紧张，害怕，担心，犹豫，临时性麻痹，与技术上的细节缺失，全部加起来就会抑制你的热情。

提醒

热情最大的障碍之一就是演讲者所感到的自身的精神紧张状态。

那么你怎么把工作中你的自然热情带到表达中的重要时刻呢？可惜的是，热情不能被录音，也不能被假造。不过有一些事情你可以做，并且让你想要的精神给你的观众表示出来：

- 做你的身体热身(参见第一章)，这样你的热情就不会被紧张与压力抑制。
- 精神上要做好演讲准备(参见第三章)，因此你的热情没有被抑制以至于担心以后要说什么。
- 掌握好你的表达，因此会使你看起来是绝对的领导，而不是表演者而已。
- 好好保持你的精力(参见上文)，比平时说话的速度要更快一些，而且要注意你说话的定调。
- 不要使用止痛药——尤其是酒精——会使你的反应变得呆滞与迟缓，另外会使你的想法和演讲结构不清楚。

如果你对于演讲确实感到不开心的话，这在观众面前就会很明显地表现出来。考虑无论如何你必须要去真正地做演讲，而且没有其他人能够代替你做演讲，虽然可能讲得相当好；或者你去做没有准备好的表达，让你自己失败。与此相反，利用上面的技巧，你能够把大多数的主要障碍清除，让你对工作的热情完全释放出来。

不是拉拉队类型?

演讲中培养热情的一个不利因素来自持有保守态度的人，就是自身无能力产生热情的人。“我知道当我表达时应该更有热情，”他们说，“但是那就不是我了。我不是那种拉拉队的类型。”你曾经有没有被要求过要穿短迷你裙与带着花环去表达呢？没有。热情就是要表现出来你自己，而不是一边跳一边大叫的那种拉拉队类型。不过如果作为你自己来表达，而对你想要达到的结果有所减弱的话，你会怎么考虑增强你的表达呢？

在各种各样的十二步恢复技巧节目当中，其中有一个说法，“在你达到预定的目标以前，去假装模仿它吧。”这样表达会使你作为一个愤世嫉俗的人感到非常难以接受，不过对于产生热情的事它是个惯用的技巧。如果你知道以前你的表达太温和或者缺少了刺激的话，那从现在开始使用上面的几个要点作为指导吧，使你自己作好精神准备。“我身体上做好表达的准备了；我会掌握好题目因此我就不需要使用笔记来表达了；我会理解空间的安排；我会比平时说话的速度加快一点来进行表达。”不过这些话不要只说一说而已，你必须要去做。如果为达到一定的精力程度，而你必须要去努力做的话，那就去做吧。有足够的说话实践机会(记得实践的似非而是吗?)，这样你就会成为有热情的演讲者。不要去做那种在静脉内有浓缩咖啡因的，随时可能充满爆炸性的刺激与兴奋的人，而是去做那种开开心心的与自然传达他或她对于项目，公司，或者表达的题目感兴趣的人。

投入

另一个 E 就是要学习怎么来充分投入于你的观众。你会完全掌握题目，不过如果你说话当中没有做到投入观众的话，你会被认为是单调，无聊甚至导致更差的评价：就是自称无所不知的人也可能犯这样的错误。投入与情感作用是两个具有魔法效力的因素，不过可惜的是，在大多数的专业设计表达当中都缺少了这两个因素。这是因为建筑师与设计者经常没有认识到口头交流中的两个自然方式。在前面都讲过，就是演讲不只是材料的堆砌而已。它就像演讲者与观众之间一起舞蹈，两个因素都扮演了很重要的角色。

有好多讨论的中心是关于每个演讲者怎么来充分投入于观众。有没有时常发生的眼神交流呢？有没有点头表示同意呢？有没有情感作用的微笑呢？当观众不在投入状态的时候，这些问题就可以简单的回答了：当他们没有表情而坐着并且没有任何动作的时候，看一看他们是否希望你快点说完，因此他们就可以去吃午饭了。不过实际上在演讲中观众的真正投入到底是什么意思呢？

投入于观众像一门艺术，就是你要把观众进入到你的故事里面，使故事不仅仅在他们的听觉外界中，而作为他们生活中的一部分。要达到高度投入的话，有两个主要策略，就是互相作用和询问。每个策略都会在下面的部分加以论述。

经验方法
投人像艺术一样，就是你要使观众进入到你的故事里面，使故事不仅仅停留在他们的听觉层面，而作为他们生活中的一部分。

互相作用

互相作用的重要性已经在前文讲述过，就在第二章里面的关于“表达的形式”被提到。投入的唯一关键就是对演讲形式的选择问题，要使你和观众之间能够达到最大限度的互相作用。互相作用对于投入是至关重要的。

当然，大多数的表达形式是由客户来定的，这样就使高度的互相作用遇到了困难。在这样的情况下，你必须要非常努力去做，使观众作为讨论中的重要组成部分。作为演讲者放弃你具有最有效的手段之一，才可以说是真正的失败了。

最简单的互相作用的方法就是带观众进入到讨论中，因此通常你就提出问题(见下面的“询问”部分)。不过为了提问题，首先你需要允许你自己和你的观众进行互相作用。在剧场里面，这被称为“毁掉第四个墙壁，”就是在演员与观众之间所存在的障碍。要去毁掉第四个墙壁，你就应该按照下面一个或者更多的要点去做：

- 如果你站着的话，坐下来。
- 如果你在讲台上表达的话，来到观众面前。
- 把椅子放在观众的身边。
- 如果你的观众坐着的话，找个理由让他们站着。
- 跨越“舞台”的边界就是从观众之间或者后边走过。

这些策略会不会让你更难做到成功的演讲呢？会的。它们会不会使观众为找到你而伸长脖子呢？会的。主要违反的原则是否在第四章的“找到你的灯光”讲过呢？是的。不过要达到投入的目的互相作用实在是太重要了，因此不遵守一些基本的表达规定来达到目的反而是有益的。

有空的话就去看 1970 年代的“上帝音乐”喜剧节目吧，里面有当时很流行的业余舞台艺术家。在大多数的“上帝音乐”节目中，使用开场照明之后第一件事就是演员从礼堂的后面进去，走过走廊(或者跑步)的同时开始演唱，“准备来到舞台的路线”就是节目中的第一部分。这项舞台的决定是令人吃惊的(至少在最初的部分)，而且让观众直接知道，“上帝音乐”并不是罗杰斯(Rogers)和汉默斯坦因(Hammerstein)的独有作品。当观众经常作为节目的一部分的时候，实际上“上帝音乐”在被制作出的音乐喜剧当中是最有互动效果的音乐喜剧之一。这个技巧在剧场当中有时候特别流行，有时候还可以；不过如果它在公众表达或演讲中被使用，就一定能达到预想的目的。

团队的互相作用

其他互相作用的类型就是在你不做单独表达时，你和你的设计团队成员之间的互相作用。团队成员之间的互相作用会告诉你的观众关于你们之间的关系，尤其是在回答问题的时候。一般若干演讲者之间有稳固的关系，好的团队的互相作用包含着善意的玩笑，以及有思想性的打断和广泛交流。

玩笑话只是在相互喜欢与愿意一起工作的专业团队之间才被使用。玩笑话很难被假造，因为它要求有真实的友爱同时没有伤害别的人的心情。就简单的话，“这是约翰第一次看到笔记本电脑，”这句话可以认为要么友好的，要么讽刺的，就要看他们之间的关系了。因此和你认识与你喜欢的人要小心地开玩笑，最好保留你的挖苦话到酒吧间的游戏中才说出来。

有思想性的打断对于团队的互相作用是有帮助的。做得好的话，会帮助每个人把注意力放在表达的目标上。做得不好的话，会使阻碍交流的人看起来是没有礼貌的。有思想性的打断的关键是要把讨论要点还按照原来的时间和结构进行安排。

有思想性的打断包括打断顾问在很长时间中一直谈论着照明调节装置问题；提醒你的同事，观众到场的目的是因为想听他们的项目，而不是想听你在法国的假期；或者改正资深合伙人的错误因为他或她陈述的最后项目细节不是最新的信息。你可以看到所有的这些例子都包含着操之过急的风险，因此你必须要具有相当的关心与耐心去打断，不过有思想性的打断实际上会帮助你的表达一直保持在原来的路线。当然，如果你是被打断的人，你需要控制你的反应。从设计组成员得到有思想性的打断作为有价值的建议是非常重要的。

广泛交流可能在小组的互相作用中是最简单的形式。它在动态的方式中相互建立想法。如果其他的演讲者希望提供给你好主意的话，就把它加在讨论里面吧。如果你是演讲者，就邀请你的同事来给补充意见。广泛交流的唯一风险就是由于讨论的程度越来越深，因此你可能控制不了讨论的时间，结果表达的时间到了的时候，你还没表达出你的主要要点，而你不得不就此结束演讲。为了避免这样的情况，你的表达就需要拿出额外的时间来进行广泛交流。

技巧

如果你提的问题没有一个人回答的话，就等待。以后会有人来回答。

询问

另一个使你的观众投入的技巧是把你自己当作询问者。显然，这不是意味着你要给他们压力去承认他们所犯的错误。而意味着你就从简单的问题开始提，（“你今天还好吗?”）到相当认真的问题（我们今天所讲的项目内容，什么是对你来说最重要的呢?”）。当你提问题的时候，你就邀请观众来进行意见的反馈。让观众反馈是能够知道他们是否真正投入表达的唯一办法。

矛盾经常出现在这个要点上，“如果我提问题而没有一个人回答的话，怎么办呢?”如果这样的情况真正发生的话，答案就是观众没有对你的表达真正投入。不过更好的答案就是等待。不管演讲者或者观众，他们对于安静的气氛都感到不舒服，连几分钟都感觉时间过的很慢，不过终于会有一个观众来中止这样令人尴尬的安静，开始说一说他的看法。如果当初你提的问题是不太困难、并且不要求很深入询问的话是会有益处的（“请你给我几个词来描述你的学校吧”）。

经验方法

记住，要把表达变得令观众更投入的话，需要更多的谈话，而不是单独说话。

当你表达的主要目标是传达关于你自己的信息，你的项目或者你的公司概况的时候，在表达中提问题也许有点奇怪。不过只能通过回答问题你才能知道你所表达的信息是否被观众接受，而且也只能通过回答问题，你才能知道哪个信息对他们来说是最重要的，也许和你认为重要的信息是相反的，这差别非常重要。但关键的要记住的事是，要使表达变得更投入的话，需要更多的谈话，而不是单独说话。谈话要求至少有两个或以上的表达角度。如果你和你的设计团队之间有良好的关系的话，这是非常好的，不过如果想要达到使观众投入的目标的话还并不够。下一次的表达你就去做使观众投入的事情吧，同样在后来的每个演讲中也要去做这些事情。

娱乐

现在我们到了五个E的最后的部分，就是娱乐。从各种各样方面当中，像面对观众，获得观众的情感作用与支持，同时与厌倦与迟钝作斗争，娱乐对于建筑师与设计者是最能引起挑战性兴趣的。但在这个方面，建筑师就不像演艺人员表演得那么自然了。不过有一些设计者为准备表达的技巧会去询问娱乐所需要的东西。彼得·格伦(Peter Glen)在《VM＋SD》杂志的一个专栏上，做了一个典型的娱乐案例，他说：

> "我知道当人们在享受我表达的时候他们吸收了比预想的更多的内容，这和枯燥地传达同样的材料不同。如果他们笑的话，他们就在学习……娱乐使传达意见变得易于接受。"

有一些理由能够解释为什么格伦的评论是非常中肯的。显然，开心的人比感到无聊的人好像更有学习的欲望。而且，娱乐表演能够帮助打破房间里面的压力，并且帮助人们感到轻松和更安心。显然，松弛(要么观众，要么演讲者方面)，尤其是和紧张状态和忧虑感相比较，就更有益于达到你的目标。娱乐，尤其是在竞争的环境中，完全能够使你的表达更值得回味。最后的也许是最重要的部分，娱乐要求在你的表达中存在一定风险，就是要表示你在表达中通常不显出的你的真实个性。这个风险是你的表达中最危险的部分，就是观众想要你显示出来你真实的性格。

技巧
使用娱乐，尤其是在竞争的环境中，能够使你的表达变得更值得回味。

娱乐——不适当

也许值得指出，有一些娱乐类型或是专业的或是属于其他类型的，根本不适合任何表达。说成人笑话已经是很普通的手段了，获得观众情感的方法就是来定义“他们”和与之完全不同的“我们”。理所当然，那些日子早就已经没有了。说不合时宜的成人的笑话会导致失去客户或者公众的信心，甚至在农村地区也是。

同样的，使用不适当的比喻包括色情作品的图像也会使客户或者公众失掉对表达的信心。穿奇异衣服的人或者有歧义文化形式的图像，不管怎样都要把它从表达中排除在外，因为很有可能你的对象会把你所开玩笑的内容和某个物体或者某个人看成一样的。这会把你置于很不利的境况，不能够和你的观众随便地开玩笑，就是要避免误会的位置。有一个演讲者当他或她在南方观众面前去假冒谷物公司代理人的丹·诺特(Don Knotts)的时候就遇到了麻烦，至少会有一些观众认为演讲者是在拿南方地区开玩笑。这就是现代观众的多敏感现象。

适当的娱乐

在不应该提的好多问题中，问关于有什么选项可供娱乐的事是合理的。幸运的是，有一些可能性存在，下面的是列出的可能：

- *使用你自己的故事来开玩笑*。谦虚的幽默，你可以回忆一下上面所讨论的情感作用的内容，这是最安全的方法之一。
- *讲一讲关于你自己有趣的经验故事*，或者不一定是你的经验也可以(就是本来是别人的经验，不过由于对你来说它特别有趣与适当，因此你就可以使用它来讲述)。
- *和题目有关的一些旅游照片*。虽然斯里兰卡(Sri Lanka)的假期照片和项目或者你的公司没有直接的关系，不过它会给你的表达增加好多颜色与活力，尤其如果你会使它和题目变得有关的话。要注意不要使用旅游图像作为装饰物，还有不要把斯里兰卡话题和你的表达内容分开。
- *笑话——书上的笑话*。书店充满了适当的幽默收藏，因此要选择一两个和题目有关系的笑话并不难(“去面试邮局的项目时让我想起来了邮递员的故事……”)。要记住上面的关于不适当的内容指导。如果笑话包含着裸体的家庭主妇，或者拉比(犹太人的学者)，就把它忘掉吧。

- *有趣的题目新闻*。这是巨大的娱乐资源，因为它是现时的(笑话——书上的笑话是有日期的)而且有可能你的一些甚至所有的观众都知道这个故事。你会从谈话节目的主人拿材料，只要不触犯规则(只要你没有在当地喜剧俱乐部的一个节目中使用它去表演)。
- *你自己创造的笑话*。(看旁边的专栏，怎么能够成为一个幽默的人物。”)说实话，这项工作需要挑战，考虑你的观众，你的位置，你的题目，或者你自己当中是否有特别的个性或特征，会让你自己自然而然的进行表演。广泛地模仿一个形式的例子就是大卫·莱特曼(David Letterman)在夜晚里的十大目录访谈节目。你会做“关于(会见场所)令人惊异的十大事实”，“十大关于我们公司的知识，”等等。关键是要保持它的易懂，简短，以及和节目相互融洽配合。不要把笑话作为你的表达的主要要点；使它作为主要题目的配合，实际上有可能成为缓解严肃话题的有效手段。
- *更有变化的娱乐形式*。这是被若干公司使用过的一些技术(大多数是在行销工作中被使用过的)：
  - 使用摇滚乐来强调演讲开始。
  - 唱校歌。
  - 在表达中送比萨饼(首先要确定一下这个策略从客户的角度来看是被允许的)。
  - 一开始先唱快板小曲，“你遇到了麻烦”。
  - 让参与者玩一玩乐高拼装玩具或者积木。
- *使用电脑录像表达你的项目，或者你公司的工作来使观众产生兴趣*。关于更多的录像问题都在第九章“记住你的道具”中讨论，要确定录像里有声道——无声的电影将使对观众的效果减到最小。
- *让著名的讲解人讲述关于你的工作团队或者你的项目*。有时候，你认为某个人不适合作为你的团队的一部分，不过他或她会进行表达来推进你的团队的工作。如果你能够在录像带记录这些推进过程的话，它就会把你的表达变得更有趣。只是要确定你的讲解人不会离题。如果需要的话编辑一下他或她的评论——当人们一起听某个人讲话录音的时候，连两分钟都会觉得过很慢。

怎么能够作为一个幽默的人物

俗语说，“扮垂死的人容易；表演喜剧很难”。不过，作为一个幽默的人物，像其他演讲者一样，幽默不是要求的事先准备。而是对于普通会话的附加内容。一个基本的建议：高潮应该安排在结尾部分。确定一下你最有趣的笑话要在最后的部分说出来。接下来是把一个故事变得幽默的四个方法：

- *观察*。一些故事本身就可笑。像在一个办公楼门口上贴的招牌写着：“禁止游行请愿。”关键是要观察不平常的东西，然后使用简洁的方法来描述它们。记住，只关于观众的特性观察不会帮助你建立观众的情感作用。
- *夸张*。有时候事实可以帮忙。使用隐喻与类似给人们每天我们所体验与理解的情形，会产生更大的影响。比如：“十亿分之一秒的定义：就是当红绿灯变绿色的时候而你后边的司机把汽车喇叭按响的一段时间。
- *转折*。笑话或者幽默故事的基本因素就是在最后的部分具有变化，使观众的方向完全不一样。杰出的例子比如亨利·扬曼(Henny Youngman)的故事，“带我的老婆去吧……求求你。”这一个特别的词，没想到完全改变了原来的意义。大多数的突然——转折笑话都有更多的词，不过简洁总是喜剧的优点。
- *含糊语*。这逻辑术语对许多喜剧来说是基本的。是意味着争论中术语的意义被改变了。比如，一般说，“叫我出租车。”“这就意味着你是出租车，”动词“叫”在第一层“名字”意义后的相当于“召集”的意义。有不少的杰作幽默基于含糊语，包括传说中的“谁先来?”被巴德·阿博特(Bud Abbott)与劳·卡斯特罗(Lou Costello)表演了好几次。

准备喜剧，像任何学科一样都需要练习。不过它不是难以企及的艺术。也许你不想要把喜剧作为你的第二职业，不过什么幽默都没有用的表达会打动观众吗？你有没有听过一些没有包含着笑话然而仍然优秀的表达呢?

总结

面对包括你表达中在演讲者和观众之间发生互相作用。它意味着要注意与考虑关于观众的构成，情绪，感觉与舒适度。而且它也包含着许多无形的方面，就是这本书里面所概述的五个 E：

- *精力*。定调(频率)与步调(每分钟朗读的词)决定于你看起来要么是个精力充沛的，要么是个无聊的演讲者。
- *情感作用*。使用共同的生活实例或经验，或者使用谦虚的幽默来建立和你的观众有情绪的关系。情感作用在你达到表达目标的方法中也许是最无形的。
- *投入*。使观众作为你的讲话的一部分。使用互相作用与询问的方法来促进观众的积极参与，让他们进入你的表达，以及使你的表达成为会话，而不是单独一方的说话。
- *热情*。表达中你所带来的精神是最难假造的东西，不过有时候强制性的激发会帮助产生这样的能量。做好身体上的准备去表达(参见第一章“展示”)会帮助释放你工作当中所存在的热情。
- *娱乐*。对好多建筑师来说，在五个 E 中最能够引起挑战性兴趣的就是要使他们的表达有趣，因为娱乐这个因素很少在他们的练习或者经验中出现。娱乐不是意味着你必须要讲笑话，然而，如果你能够在表达中加上一些娱乐因素，比如轶事，旅游照片，录像，甚至歌曲或者舞蹈都可以。有娱乐的比没有娱乐的表达肯定会更有效果。

第六章 坚持下去

在剧场里面你会体验最震惊的事之一，比看到不着衣衫的迈克尔·杰克逊(Michael Jackson)要更震惊的，就是停止表演。不是因为不断的鼓掌而停止(这类型的表演停止是好事)，而是因为犯了很大的错误，因此表演没法继续。表演会由于多样的原因而停止：灾难，火警，表演者生病或者受伤，停电等等，不过当它真正发生的时候，不管表演者或者观众都感到很烦扰。当表演停止的时候，虽然只停了一段时间，但气氛都被破坏了，并且人们都面对着突然的，震惊的突发情况。他们坐在剧场里面，不过没有演员表演，当他们还迷惑的时候，表演者也都不知道该怎么办。

经验方法

打断表演的结果，虽然只是短暂的停止，对任何表演的品质都会产生消极影响。

在任何情况下。停止表演都显然不是令人想要的。打断表演的结果，虽然只是短暂的停止，对任何表演的品质都会产生消极影响的。这是为什么在娱乐性行业的十个诫律中，其中一个就是要坚持下去。

有人搞坏电源线路，未得到暗示，或砰地关上门，或者外面有汽笛响了，或者照明电路烧坏——任何较小的负面影响只要没有真正影响观众和表演者都可以被忽略。要不然就会破坏表演的特性，驱散构建好的现场气氛，并且失去演讲者所创造的不可思议的瞬间。

令人难过的是有好多演讲者不理解这条娱乐性行业的基本规定。他们在最轻微的困难下变得慌乱，在几乎可以忽略的情况下

技巧
最重要的策略是：除非某人明明知道在危险的情况下，还要坚持下去。

把表达中止，还有其他没有道理的打断。每个演讲者在他或她表达的时候，会面对着想不到的障碍，或大或小，要么故意的要么不是，都会将演讲者的注意力很快地分散。本章就关于演讲者面对上面的一些障碍与问题，提供了有效的策略来克服它们。不过可以说最重要的策略还是诚律本身，除非某人明明知道在危险的情况下，还要坚持下去。

克服障碍

有好多障碍会共同破坏表达。包括平常的(放映机烧坏了)到有一定影响的(观众中的某人突然起来接电话)。一方面，每个障碍都是要紧的，不过你还有机会去继续表达，这是当然的。另一方面，没有一个障碍那么要紧以至于让你放弃表达(当然，除非对生命是有危害的)。

有两个基本障碍类型：你能够预期的与你没法预期的。显然，你应该尽可能考虑到更多的能预期的障碍。

能预期的障碍

回顾一下当大多数的建筑师使用幻灯片放映机讲关于他们的工作的时候，没有一个建筑师忘记携带备用的幻灯去表达。甚至有一些建筑师携带了的两个放映机。而且每个建筑师都能够理解墨菲定律(Murphy's Law)：能够发生故障的任何事情，都会导致发生故障，以及要永远考虑到位于最差情况的可能性。

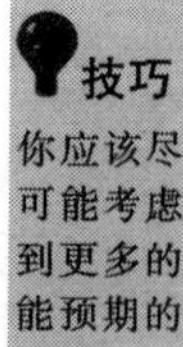

技巧
你应该尽可能考虑到更多的能预期的障碍。

虽然幻灯片放映机到现在为止还是很普遍的选择，不过它已经被液晶投影放映机渐渐代替了，它与笔记本可以直接连接。这个结合存在着困难的选择：如果有一些配件坏了，几乎大多数的专业设计者都不知道应该怎么去修理它。液晶投影放映机经常使用特殊的灯光，就是几百美元的灯光设备；一些建筑师外出演讲时在行李里面总有备用机，不过大多数人都不知道应该怎么换灯光设备。幸运的是，这个灯光设备有非常长的寿命，不过它们最终都会失效：按照墨菲定律预言，它们将会在最不希望发生的时候失效。

讨论的要点不是要求你每次去表达时应该带着两个液晶投影

放映机(不过如果你愿意的话，这不是坏主意)。要点就是在于既然设备有失败的可能性，既然它能够被预先处理，因此你没有原因不去准备候补的计划。关于液晶投影放映机的显示问题，可能和处理幻灯片里面的字幕片一样的简单。你所需要去做的是只要保证在房间里面已有了投射投影仪，大多数的会议地点都会有。因此没有原因为什么你的表达会被障碍困扰，因为你已经知道应该怎么去处理它了。

提醒

既然设备有失败的可能性，既然它能够被预先处理，因此你没有理由不去准备候补的计划。

其他能预期的障碍包括你还没收到通宵运送的手稿，因为航班没有按时间送到；难以使用的照明调节装置(回忆一下第四章“找到你的照明”的讨论内容)；墙壁长度不够来展示你所有的展品；图板缺少一个重要部分；年长的负责人总是忘了他或她应该用多长时间去讲话；演讲的时间安排没有设置好等等。但每一个这些问题因为可以预先处理都会有解决方法。

在特殊的情况下，你的能力去处理能预期的障碍是你能够把表达任务完成的重要标志——代表你公司的资质高低或者你所设计的方案特点。所有的人都知道现场的表达进程可能是混乱的，是不可预知的过程，实际上你怎么来处理表达中所发生的小问题，是代表着以后你公司怎么去处理建造中所出现的好多问题。因此能够从计算机的表示顺利地过渡到通过投影仪表达的能力(甚至过渡到活动挂图或者白色书写板)会告诉观众以后你对现场的建造压力问题有着敏捷的反应：对问题的机敏反应是舞台表演的一部分。

我需要代替之人吗?

在娱乐性行业当中最不利的障碍之一就是当主要的演讲者(或者任何演讲者)因为受伤，生病，或者其他问题无法上台。由于这些原因，现场表演者就需要被别人代替，因此代替表演者可接受的——虽然有时候只用到在两幕的间隔时间出场。

也许代替之人对演讲者来说看起来是极好的主意，因此通常专业的设计者不认为他们自己是唯一地能够表达的人。当主要的设计者不能够参加表达时，掌握话题内容的年轻设计者去代替他或她是合理的。如果项目管理人不舒服的话，建筑经理作为对项目的过程最熟悉的人应该去代替他或她的位置。甚至如果年长负责人在特殊的情况下不能参加表达的话，应该有其他伙伴或者晚辈的管理人能够代替他或她的角色。

作为代替之人要求这些人在所有的时间中都在场，或至少在表达排练的时候在，因此他们会知道他们的责任，就是要掌握好题目以及了解被代替的人。代替之人的实践有时也许看起来不是一个最好的方法，不过在专业的表达当中有了足够的例子，如突然生病问题，舟车劳顿的问题，或者其他危急问题，使主要的演讲者没法去表达，这样来看，使用代替之人不仅仅是个聪明的方法，而且也是解决可能出现危急情况的必要方法。

想不到的障碍

其他类型障碍就是你必要去克服那种连最为悲观的演讲者都不能想象到的。这包括观众的恶意行为，会很直接的使你把所有的想法都打乱。比如在表达中，客户的全体审查团突然离开房间，被想不到的问题打断(虽然如今你就应该开始考虑未被准备的问题作为宝贵的经验，而不是作为困难)，或者客户泛泛的概括破坏了你希望表达的主要要点。

当不曾预料到的中断发生的时候，你应该问你自己的是——它们都会发生，包括上面没有提到的其他中断——因为需要处理这中断去停止我的表达是否有益呢？比如，如果有一个成员去外面接电话的话，你就没必要停止说话——除非那个人是做决定的关键人，就是通过他或她的判断决定于你能否达到目标。在这样的情况下，你会说，“可能我们需要休息几分钟等到(做决定的关键人)回来。你们需不需要把咖啡加热一下呢?”你需要知道停止表达是会付出代价的：会失去精力，失去观众的兴趣，甚至失去参加者。因此你必须要小心将停止表达的代价进行权衡。

千万不要因为这些想不到的事情而使你慌乱，实在不行的话，就作为你演讲之前的检查列表的一部分。这个问题会在第八章“在瞬间里”更多地提到。想要达到你的目标就需要依靠你怎么去处理无法预期的障碍。

克服敌意

演讲者感到特别害怕的事之一是观众的明显敌意。敌意会从好多方面出现，尤其是在比较大的公众讨论会里；甚至在小组里，观众当中总会有一两个人存有恶意或者居心叵测的态度。

敌意的反应会从好多形式而来，不过两个最普通的是不相关的演讲问题与恶意的问题。每个形式会在下面简短地讨论。

不相关的演讲问题

在更大的讨论会中，观众与媒体的出席是普通的事，不相关的演讲问题是颇为正面的形式，而在这里一个人一直努力注意一个问题，仅仅和你表达的题目的外围有关，或者也许全部都无关。比如在一个活跃的政治气氛下。在校园里时常听到不相关的演讲已经是很普通的了，差不多可以成为“能预期的困难”。

因此当你指出设计新校园的娱乐中心的优点之后，假定提问题的人对你的项目感兴趣，你请他或她给出一段讲评，而他却不适时地给出一段关于学院应该怎么分配资源，来把非常高的学费降低，而不是给娇生惯养的学生建造婴儿用围栏的演讲。如果你希望在讨论中要解决这个发难者对于校园需要合理分配资源的问题，可能只是延长非关联问题的时间。

更好的反应就在“AARP”方法有的，它是个只取首字母的缩写词。它通过四步过程来处理不适当的回应：承认，断言，记录与坚持。

1. *承认*。你不能够忽略不相关的问题。当演讲者(在这里指的是你)不在乎“人们”的抱怨的时候，气氛就会变得很敏感。虽然你不同意或者觉得它和题目是不相关的，你还需要承认说话者与他或她所说的要点。

2. *断言*。这是个重要的步骤。你必须要学习怎么断言不相关的意见，而没必要向他们同意。断言只是想让说话者知道你不光收到了他的意见，而且你也明白了。通常断言陈述只是不相关的演讲的解释而已——一般使用较少数的词进行总结。“我明白你所说的话，就是你感到工资的困难问题比建造这幢新建筑更重要？是这个意思吧?”断言不相关的演讲，确定你引用说话者的意见，不是你自己的看法。断言就会使好战的发问者平静下来。

3. *记录*。其他处理不相关的演讲话题的办法就是要认真地把它记录下来，因为会被提问者看到。最好是在活动挂图上或者在字幕片上写。这样也会把意见作为会议的正式记录部分。不过也要做意见解释的要点，因此提问者就会知道你所解释的内容。

4. 坚持。你承认了提问者的发问内容，断言了他或她的要点，并记录了不相关演讲的解释，现在到了关键的时间。在这个要点上，进一步讨论会让你离题并关注说话者的问题。如果说话者还是坚持要进一步讨论的话，就约他或她在其他时间继续讨论吧。不过要清楚：你也必须要看你的会议议程。在比较特别的例子下，如果不相关的说话者还是不愿意下台的话，也许你就需要保安的帮助了，不过这种情况基本上是很偶然才发生的。因为你是否很认真地把不相关的意见进行处理，这样，在大多数的情况下 AARP 方法应该会使建议者感到满足了。

恶意的问题

也许更困难的障碍来自存有敌意的观众，这要求一个人拥有更多样的技能去处理。比如处理来自委员会的成员的关于演讲内容的恶意问题。对于这件事，一般由于是他们来总结(或者你希望如此)，因此双方的关系就更加敏感。平时恶意的问题来自其他设计团队的人员，或者委员会的领导，或者只想要激起煽动气氛的提问题的人。

恶意的问题没有好的答案，因为问题本身包含着罪行的假定。“你还打你妻子吗?”这是教科书关于恶意问题的典型例子。建筑上的例子就是：“我听说你所做的项目从来都超过预算。为什么?”这个问题包含着暗示的意义，就是假定你公司的工作总是超过预算。

当你作为恶意问题对象的时候，可以说你遇到了麻烦——如果没有其他的。上述强调过，有一些原因解释了为什么委员会会提到这样的问题，其中是因为他们对你或者你的公司感到没有办法甚至是有些恼怒。因此首先你必须要确定一下问题的动机是什么。如果她只是向委员会或者观众或者电视观众正面示范她是个公众财政的忠实护卫者的话，你就应该肯定她的机敏及勤奋，从而解决所提议的不恰当的问题。

相反来说，如果你预先知道问题的目标是想要让你被炒鱿鱼的话，你应该更简洁地反应与简短的辩驳，并且尝试改变讨论的方向。在演讲中，你应该做的最后的事是给这些有恶意的人讲话：短暂的，而不是防卫用的，是对这个例子最好的方法。

提醒

面对着恶意的问题时，要去考虑发问者的动机是什么。

第三个可能性就是，有某人激起事情煽动提问题的人，这就更容易被处理了。和第一个例子是相似的，如果发问者只是想要创造争论而已的话，你就热情洋溢地称赞他的勤奋吧，以及给他真正的答案来解决问题。发问者所寻找的只是记者们的镜头聚焦的时间，或是论文上的引用语，你不需要去否认他。

克服技术问题

大多数的表演都会遇到技术问题。很少有比赛，音乐喜剧，音乐会或者舞蹈节目，从一开始到结束一直都没有技术故障。比如照明与音响效果相互错过，音乐开始得太早或者太晚，背景出来得太快了——会出现问题的可能性是无穷的。建筑上的表达也会遇到同样的技术问题，除了一些可阻止的情况。关键是先去检查一下那些问题，如果允许的话，就继续下去吧。

实际上有一些技术问题会完全破坏你的表达，虽然你按时间完成了你的作业，并且了解意想不到的困难会在哪里出现，不过还是会出故障。克服技术障碍的主要表面在于——举个例子——当照明失效的时候你要保持平静。

在设计的表达当中哪种技术问题会发生的呢？照明设备会烧坏或者不合适的时候被打开，音响系统效果变差或者完全失效，放映机经常会在危急关头失效，图板从墙壁上会突然掉下来，虽然刚才它看起来还是好好地贴着——问题是无穷的。如果你在这项职业中从事的时间比较长的话，你就会逐渐体会这些技术故障的每一个部分——同时还有很多其他的问题。

相比较于个别地处理每个问题与它的解答，建议一些基本法则来处理它们也许会更有用。去解决技术故障的一个办法是要做关于逻辑的试验。问你自己下述的问题：

➤ 这个问题是否对生命造成威胁呢？如果是的话，直接停止表演。没有原因继续你的表达而危及任何人。

- 这个问题是否使表达不可继续呢？比如在没有窗户的房间里突然停电了。虽然对生命没有造成威胁，不过至少在完全黑暗的地方去表达也许是很大的挑战。在这样的情况下，比较好的办法也许是在继续表达之前先去解决问题。
- 这个问题能否很快地被解决呢？你掉下来的图板所需要代替的是可以很快地被运用的录影带，就是说当你修理它的时候，你还能够保持内容继续下去。好多非专业的演讲者犯一个同样的错误，就是他们假定因为要做较小的调整或者修理，因此他们认为必须要停止说话。实际上，很少有技术障碍在之前的两个方面发生。
- 如果实在问题太大的话，没法很快地去解决它，是否可能在给定的表达时间内去修理它呢？如果可能的话，考虑怎么去调整你的表达以便你有修理的时间。比如表达中需要换放映机的灯光：一般这就需要时间了，不过如果备用灯光还可用的话，也许它就只能在其他组的演讲中被更换，而演讲者就只能跳过讲下一个的题目了——甚至直接回答问题。简单地说，由于这些技术问题，你就会暂时地转向你所安排的议程，看你能否把它修理好并再回来讲被跳跃的部分。

听起来很简单，不过令人惊讶的是在表达中当关键的部分出问题时，有不少演讲者忽略了这些显然的策略。主要的原因就是他们天真地认为一切都不会出问题，因此当真正出毛病的时候，他们的行为就变得慌乱与不合理，要么停止表达要么非常缓慢地继续下去，而停止表达就是大多数情况下更自然的反应了。

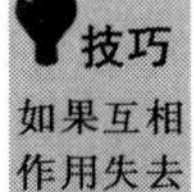

技巧 如果互相作用失去控制的话（就是脱离了题目），你需要再次控制会议的进程。

克服互相作用

如果你到这个部分为止一直跟随本书讨论的话，你肯定知道在表达中互相作用是个好事情，因此你就会想知道为什么需要克服它。在大多数的情况下、并不需要：和你的观众有好多互相作用意味着他们被你所说的内容吸引了。不过在偶尔的情况下不可能有那么多的好事情，尤其是如果你有一群喜欢饶舌的客户，而且他们之间都互相认识，他们经常喜欢拿不相关的话题开玩笑——比如，他们拿坏的高尔夫球互相摇着开玩笑。在这样的情况下，你需要策略来减少互相作用，这样你才会把客户的注意力转回到你需要表达的目标上。

这会非常困难，你把互相作用的门口打开，然后想要再把它关上而不要看起来像个扫兴的人似的，就不简单了。你需要再次控制会议，而不要完全地取消以后互相作用的可能性。在这个要点下，这样说是可以的："恐怕现在我们走得有点远了，因此让我们言归正传吧，就是……"也许它看起来是冒险的方法——谁想要打断一群人在开心地聊天呢？——这就更会完全地失去会议的控制了。但是你就会被他们所尊敬，包括非正式的与正式的观众，因为你是个能够一直聚焦于任务目的的人。

会失去你的位置吗?

在表达中你永远不应该失去位置。失去你的位置意味着一些事情，在这本书里面不会推荐这些方法：

- 你按照手稿来表达。
- 你按照手稿尝试给出值得纪念的演讲。
- 你说关于你不太熟悉的一个题目。
- 你在进行很长时间的演讲，而没有其他说话者。
- 你没有好好地准备讨论部分。

从上面的目录就可以看出，失去你的位置不是个大问题，它只是不正确地安排表达。不过在表达中如果你实在没办法以至于打乱思路的话，你就应该这样做：

- 笑。如果可能的话，微笑。
- 道歉。由于表达中的打断。
- 推敲你的笔记或者大纲，或者去问你周围的人——或许是你的团队成员。
- 继续进行。

见第八章"在瞬间里"的讨论，对于一些将来想法的考虑将克服你的失误并且和表达融合相处。

克服怯场

在一些场合当中，最需要克服的障碍就是演讲者自己的不自觉得怯场。怯场是普通的名词，就是一种甚至能够使人瘫痪的恐惧感，它甚至会使有经验的专业演讲者在观众面前自己觉得好像非常愚蠢。

要记住的一些事实，以便克服一些随时可能发生的困难状况就是：

- *怯场绝对是普通的*。几乎没有一个人在公众面前说话的时候没有感到怯场，同样在表达中也是。大多数的观众会同情当场演讲的人，因为他们都也做过表达。
- *怯场是一种没有被正确对待的身体紧张症状*。在第一章"展示"部分讨论了关于怎么运用紧张作为表达之前身体准备的一部分。不过理解紧张作为身体的，而不是情绪的或者智力的，使用身体的意味着要控制它，这是重要的。

提醒

几乎没有一个人在公众面前说话的时候没有觉得怯场，同样在演讲中也是。

- *怯场不是永久的情形*。甚至最害怕的演讲者会突然平静下来(在特别的情况下，要等到他或她说完了才会这样)。理解怯场作为正常的——暂时的——现象是克服它的最重要的部分。
- 在第三章所讨论过的"实践的似非而是"最有效的方法来克服怯场就是作为更有经验的演讲者，而不是重复地实践某个演讲。

总结

坚持下去，就是娱乐性行业的一个主要规则，意味着舞台上的幕布都掉了下来，这时你无论如何也要继续表演下去，除非确实会危及生命或者身体健康。你克服障碍的能力(或者没有能力)比你打算说的话，就会更多地告诉客户关于你本身的素质。如果你在表达方面经历的时间更长的话，任何演讲者还会面对各种各样其他的障碍：

- *能预期的障碍*。这是谨慎演讲者所计划的情形，虽然你肯定不想要它们都真正发生：飞机晚点，设备故障，错过班机/火车，手机响了，保险丝熔断等等。你应该对每个能预期的障碍有准备好的计划。
- *无法预期的障碍*。这就是连谨慎的演讲者都根本想不到的。

它们都包括这样的事情：观众不来（或者在表达中提前走了），停电，或者其他紧急的情况。当你面对着这样想不到的问题时，你的主要决定是要么继续表达下去要么尝试重新安排演讲时间。

- *观众的敌意*。有时候当你给怀有敌意的人们演讲的时候，会让你感觉就像古代基督徒被残暴的国王扔入狮子坑一样。使用情感作用与投入（参见第五章）来赢得这些敌对的观众吧。
- *不适当的反应*。通常表达中会被不相关的或者敌对的问题打断了。AARP方法（承认，断言，记录，坚持）就是来处理打断你说话的那些问题最好的方法。
- *技术问题*。大多数的技术故障是属于“能预期的障碍”类型。在第四章所讨论的“找到你的灯光，”克服技术问题的关键是要掌握你表达的技术设备与了解你所使用的房间。所幸的是建筑师经常有技术主管在表达中帮助他们管理照明与声音设备。
- *过多的互相作用*。记住，一般互相作用是好事情；但如果作用过多就会让你表达时所讨论的题目变成钓鱼经验的相互交流，或者成为最近发生的有趣事件的讨论。处理过多的互相作用就是要去控制你的议程，并且让讨论的内容回到原来的题目。
- *怯场*。害怕在公众面前说话的感觉，和大多数的人认识到的一样，这种情况就更为普遍了。做演讲的你需要去克服它（参见第一章），给所有的演讲者早一点说话的机会（参见第二章），并且向经验学习，就会使你开始说话之后马上平静下来。

第七章 扩音

演员在黑暗的剧场里面排练的时候，从观众席的中间经常听到导演的叫喊：“扩音！”这简短的批评意味着导演不能听到演员所说的话。平时导演坐在观众席最好的位置，如果他或她听不到的话，(可以肯定)演出时大多数的观众也就同样听不到。

在剧场当中演员会犯好多错误，其中有一些人不在乎扩音效果的好坏。在不久以前，就是声音增量系统成为普通设备之前，演出公司都一直考虑如何把2000余座位的剧场充满他们的声音，然而当时仅仅是依靠演员有限的肺活量和剧场的物理声学效果。现今，从儿童戏剧到普通的戏剧都要依靠被隐藏的无线麦克风与花费昂贵的声音系统，把故事清晰地表达给观众，不过受过好训练的演员还是很熟悉应该怎么样扩音。

原因与方法

什么是扩音呢？简单地说，它是一种能够让好多人听清楚的说话方式，不过并没有用力喊叫。在足球比赛中的拉拉队当然是，不过那样的大叫不太适合小规模人群，如平时参加建筑方案汇报的人群数量。扩音不能是否借助电子设备，都能够让房间充满你的声音。

为什么扩音很重要呢？大多数的建筑师在好多场合中都不能将1000多个座位的会堂充满他们的声音——虽然这没有你想象

术语

扩音是一种能够让好多人听清楚的说话方式，不过并不是用力地大声喊叫。

的那么难。不过扩音包括两个注意方面，对任何演讲者都是很重要的：第一，要绝对肯定在任何大小或者形状的房间里每个观众都能够听见你说的话；第二，控制你身体的动作，不要影响你的声音，以便你的声音听起来既放松又有自信心。

扩音是怎么形成的呢？其实在扩音当中听力也和说话一样重要。就是说在表达中你需要调节你的耳朵，因此你应该注意你的声音是否够高，不过不要太高了。我们来看发音的调制吧。当你适当地扩音时你会听到你自己讲的话，这样你的声音就在房间中扩大了。

扩音也包括你怎么改进你的声音。关于扩音的生理学会在下面的部分“控制呼吸”进行讨论。要理解它并不难，只是大多数专业设计者都没有具体了解而已。

调整声音

上面所提到的，扩音的目标是要让房间充满你的声音(不管它的大小)。不过你必须要小心不要太夸张，就是不要喊叫。

你的目的是要使坐在最远的观众能够听到你说的话。你若想知道你的话是否被观众听到，你就使用适合的声音和坐在最后一排的人说话吧，如果他或她可以听到的话，意味着你所说的话同样也能够被房间里的每一个人听到。反过来说，如果你只是和坐在前边座位上的人说话的话，虽然他们都是选拔委员会成员，那坐在后边的人就会听不到你说的话了。因此在任何大小或者任何形状的房间里，你声音的对象就是“最后一排座位的人”。如果坐在次要座位的人能够听到你说话，坐在主要席位的人就不用说了。

提醒

你的目的是要使你的话被最远的观众听到。

另一方面，不要夸张你的表达也是很重要的。你要使用足够大的声音来说话，使坐在后边的人能够听到你，不过只是够大的声音而已。在这里听力就变得重要了。在空间当中，你的声音应该听起来清楚并且未失真地回到你身边。如果你根本不能听到你自己的声音，也许你没有扩音成功。另一方面，如果你能够听到你的声音，包括了回声和高声的反响的话，也许你扩音得太夸张了。下面的内容是通过使用工具来理解与管理扩音问题，同时进行声音检查。

控制呼吸

扩音的向非专业者挑战的另一个方面就是大多数的人呼吸时根本没有想着如何正确地呼吸。虽然玩国际象棋时，人们只需要考虑大脑工作，而不需要考虑呼吸如何。不过对艺术表演来说呼吸是很重要的，而且控制呼吸是最主要的部分，它会将你的音量大小维持在较高的水平，以便你不需要喊叫就可以使得房间充满你的声音。

由于呼吸是自然而然的，因此大多数的人只给它很多的关注，除非他们有了呼吸问题。不过从表达的角度来看，多半的演讲者几乎都有呼吸问题，只不过他们都没有注意到。当你睡觉的时候(完全放松)，你的呼吸是由肺和胃之间的肌肉，叫做横膈膜来控制的。所谓“横膈膜呼吸”的证据能够在睡觉的小孩子身上被看到，当他或她每次呼吸时，腹部有移动，而胸腔没有。

相反来说，当成年人有压力的时候，他们经常使用“胸腔呼吸”方式来呼吸的。胸腔呼吸者有意识地使他们的胸腔膨胀，就像在准备吹生日蛋糕上的蜡烛一样。胸腔呼吸的证据是胸腔的显然膨胀，以及起伏的肩膀。

胸腔呼吸的问题就是吹灭生日蛋糕的蜡烛效率很低。当你从胸腔呼吸的时候，就像横膈膜的呼吸，你的胸腔没有得到那么多的氧气。因此，你的声音听起来是受压缩的与有压力的，而不是放松的与有自信心的。同样的，胸腔呼吸者的声音也不能扩音到最远的地方，甚至特别大的房间。实际上，有时候从胸腔呼吸能够给说话者相当的负担，甚至会使他或她呼吸困难。这是极度不适的例子，就是不恰当的呼吸。

幸亏，胸腔呼吸能够通过练习被克服。最好是表达之前你去练习用横膈膜呼吸：比如，提前一天或者当你去会议的地方的时候就在出租车上练习。简单的，你坐着(或者，如果有可能的话就躺下)，用你的鼻子进行深吸气，记住要使用你的腹部的肌肉来进行呼吸。注意你的腹部怎么起落，而且在每个呼吸中你也要注意到得到大量的空气就这么简单。作为对比，如果你愿意的话，尝试把你的胸腔展开，然后有意识地使你的胸腔膨胀，你就

技巧
记住要从横膈膜而不是从胸腔来呼吸。

会感觉到实际上它的效率是很低的。

横膈膜呼吸可以说是令人产生放松感觉的功能——这是为什么连神经紧张的人在睡觉当中也这么呼吸。一些专业的设计者演讲之前很放松。你上台之前，在这样的紧张时刻要保持放松是比较难做到的。这种情况下，请查阅第一章在重要的演讲之前怎么把身体放松。

无论如何，呼吸是重要的事情。如果你没有关心它，你的呼吸往往会上升到胸腔，然后你就会感到气喘加快了。因此虽然你演讲的时间还没到，不过你肯定会感到没有完全地放松，这时请做适当的呼吸检查吧。记住要从横膈膜，而不是从胸腔来呼吸，而且在你没有说话的时候也要继续练习。当你真正去表达的时候，你就能够锻炼你的身体使用正确的方法进行呼吸了。

就在第一章讨论过的动作内容，就像类似高尔夫球功课一样，讨论关于呼吸问题也许看起来比较繁重和心神烦乱，尤其是如果你给一组四个人或者六个人进行演讲，而扩音并不是此时的重点问题。不过适当的呼吸是演讲的基础，当你在表达中，可能会觉得困难，甚至不可能考虑到呼吸的事，那么你在等着表达的几分钟前，就把它放在上台前的准备工作里面吧。

体验听觉

建筑师一般就在好多不同类型的房间里，与在好多不同效果的音响中进行表达。关于音响效果很多情况都没有被讨论，不过大多数的设计者都知道房间会有“活跃的”(非常有反射性的)或者“沉静的”(非常有吸收性的)听觉特点。大多数进行演讲的房间都是在两个情况之间，就是既有活跃的又有吸收性的材料。不过如果你经常表达的话，你就会有机会在各种类型的房间里说话，从在地铁里面的洗手间一样的活跃声响效果，到所有的室外环境的沉静效果。你就需要改变你的声音以便适合环境。

过度的活跃

要辨认出来声响效果过度活跃的房间并不难：地面上的每个椅子的声音会被墙壁与天花板放大几百次，因此每个外来的声音就会成为刺耳的噪声。回声往往是声响效果过度活跃的房间产生的问题，由于有太多的反射到达听众的耳朵里，因此演讲就会被它们严重干扰。

作为说话者，在过度活跃的空间去限制你的音量，以便你所说的话能够被听见是很重要的。在声响效果活跃的房间里面会很容易失去控制力，有时候回声会给说话者奇特的效果。在过度活跃的空间中尝试说话以便坐在后排的人会听到，这对他或她来说不会太难，但它会使你一直刺激坐在前面的人的耳膜。

过度活跃空间的其他问题就是若干声音反射表面使演讲被严重干扰。什么是对音乐表达有好的效果，同样对演讲表达也差不多有好的效果。因此，在过度活跃的空间里，你应该使表达慢下来，要确定每一个观众不仅仅能够听到你的声音，而且他们也能够理解你所说的话。

完全的沉静

有时候你必须在具有薄地毯、厚重的布料，吸声良好的顶棚，与完全没有可辨别回声的一个房间里面表达。不过绝对沉静的空间是室外，就是所有的反射表面都不存在回声，不存在使听众的注意力分散的环境噪声。在室外表达是独特的挑战，显然应该尽可能避免它。不过有的房间把室外作为它们的噪声换算系数评价标准。你在这种房间里应该怎么扩音呢?

在完全沉静的空间当中，你会需要把音量放大一点，这是因为坐在后排的人不能够接收到被墙壁与顶棚反射的声音。挑战就是当你几乎不能够听到你自己说的话时，你还要使坐在最远的人也能够听到你说话。这时候就需要你使用声音检查了。

像你所预期的，沉静的空间提供了高级的演讲精确性——如果观众能够听见你的话。因此你就不需要关心节奏过于缓慢的传达或者完美的措辞问题，因为它与在听觉上活跃的环境中表达效果完全不一样。

检查声音

如果有可能的话，表达之前你去做房间的声音检查吧。当然

技巧
如果你想要使用声音增量装置的话（比如麦克风），表达之前的声音检查是非常重要的。

越早越好，虽然你只能在很短的时间内去检查在演讲中你所打算涵盖的声音范围。你能否很清楚地听到自己的表达内容？房间里的音响效果是非常活跃还是非常沉静呢？坐在角落的人能否明白你所说的每个词呢？你有没有其他可采用的方法能够使音响效果更适合你的表达呢？（比如，把窗帘打开，窗户的玻璃就会增加空间中的声音反射，只要确定日光不会成为新的问题，就像在第四章所讨论的内容。）如果你使用表达板的话，它将会使你的表达效果加强——如果你有这种打算的话。

当然专业的娱乐界同行总是会进行声音检查。他们都知道虽然不同的表演者使用同样的麦克风，同样的扬声器，同样的扩音器，同样昨天晚上与前天晚上使用过的设备，不过不同的空间会产生不一样的音响效果，都是基于空间的特点。因此他们会检查所有设备的各个方面，来预测当房间的观众满了的时候它听起来会有什么效果。（当然听起来会不一样，因为身体也会改变听觉对空间的特点。平时满的房间，比空的空间会更使它安静）。

如果你想要使用声音增量装置（比如麦克风），演讲之前的声音检查是非常重要的。把夹子麦克风移动一英寸或者向上向下调整你的领带或者上衣，会有更好的或者相反的效果，不过在演讲中你所需要做的不是发明创造。你可以决定使用分配给你的麦克风的音量比例，只要确定测试每个说话者会使用的麦克风，与你所带来的任何其他音响效果，否则你没有测试的声音部分总是会出问题。

使用麦克风

说到麦克风，看来专业设计者与艺术表演者使用这个设备的方法是相同的。表达甚至大多数平常与听力有关的情况也经常使用麦克风。你怎么能够处理这些有潜在负面影响的科技手段，而没有完全地失去表达的最初目的呢？

上面所提到的声音检查是主要的工具。你必须要提早知道麦克风在哪里，怎么来使用它，并且有什么选择是你可以使用的。通常无线的或者手持麦克风应该会被主办方提供，如果你去询问一下的话。不能原谅的是你对舞台上所设置的麦克风感到无法忍受，只是因为你不愿意或者来不及问有没有可用到的其他选择。麦克风是对声音非常敏感的工具——尤其是小小的夹子麦克风——没有经验的演讲者从来都不知道怎么拿着——或者应该在那里夹住它们。麦克风离你的嘴太近的话会发出隆隆的，模糊不清的声音，因此使听众感到迷惑。离你的嘴太远的话就会减弱它的功能。由于每个房间的声音系统都不一样，因此声音检查是避免你不正确使用麦克风的唯一方法。尝试不同位置的麦克风直到你找到房间里最自然的声音。你一旦找到合适的位置之后，就标志你的领带或者上衣位置，或者记录一下你应该怎么拿麦克风才好。然后你说话时要尽量保持那个位置。

你可能注意到了，当专业的歌手唱歌的时候，尤其唱高声的，他或她就让麦克风离开身体。或者可能你也看过酒吧歌手，当他或她唱温柔的一段的时候几乎会吞下麦克风。专业的歌手都知道怎么利用麦克风的位置来调整他们的表演效果。不过大多数上述的技术不是好多建筑师需要学习的技术——除非你的表达有独特的高音或者温柔的一段。总而言之，使用手持麦克风以便你能够改变麦克风的位置去补偿你表达中的不同响度。

你可以回忆一下第一章所讨论的关于适当的动作，就是对于追求生动的表达来说讲台是你最不利的因素。因此你可以从下面所列对麦克风的种类进行选择：

1. 夹子无线麦克风；
2. 手持无线麦克风(主要缺点：一个手没法使用)；
3. 夹子或者手持麦克风(会使你绊倒)；
4. 落地式麦克风；
5. 乐队指挥台上的固定麦克风(无法移动是不利因素)；
6. 桌面上的固定麦克风(甚至更差——你没法去别的地方坐着)。

在一些偶然的场合，比如你在大会之前必须要作誓词的时候，你手头可供选择的麦克风种类就很少了。而且你也没有任何其他办法。这样不幸运的情况不应该影响你的目标。只要计划你的表达怎么能够表达充分的动作与精力，因为也许你也会坐在椅子上而无法接近麦克风(可能你需要调整你说话的定调与/或者步调以便保持同样的精力水平)。

建筑师去演讲的时候是否应该随身带着扩声系统(比如麦克风)呢?不需要,除非表达是位于室外的。大多数参与设计而需要表达的人很少,因此就完全不需要麦克风了。根据史实记载,18世纪时,新教的信仰复兴运动者乔治·怀特菲尔德(George Whitefield)在户外进行演讲时,人数超越1万人。如果乔治做得到的话,你肯定也能够不需要麦克风给会议室中50到60个人进行表达。

总结

扩音就是将房间充满你的声音,以便房间里坐在最差位置的人也能够清楚地听见你说话。如果那个人可以听见的话意味着所有的人都没有问题。

- 你需要调整你的声音以便能够充满大的房间(也许需要另外的工具)或者不要过分小的房间(也许你需要往后退一些)。在这两个情况,你的对象都是坐在后排的人。
- 练习横膈膜呼吸达到足够的扩音效果,尤其在大的房间里。当你使用横膈膜呼吸的时候,你的腹部比胸腔或者肩膀移动得更多。
- 在音响效果非常活跃的房间里,你不太需要大声说话使后排的人能够听见你。不过你也需要更清楚的发音避免太多的混响。
- 在音响效果沉静的房间里,你需要更多的扩音,以便在更多的中等听觉设备的房间可以达到同样的听觉效果。
- 表达之前的声音检查是理解空间的反应与扩音程度的好方法。
- 麦克风在公众表达中愈来愈普遍,虽然大多数情况下还不需要它。当你有选择余地的时候,你就去询问一下他们有没有麦克风,但不要让麦克风限制你同观众之间的互动。

第八章

在瞬间里

“我有多少次动了狗的尾巴都不记得了，不过狗的反应只是向上看，然后再开始摇动尾巴。它们只活跃在当时的那一小段时间里，然后就继续干别的事了。”

——丹・戴因(Dan Dye)

业主，三只狗面包店

到现在为止，大多数的“娱乐性行业的诫律”都关心——也许很显然——舞台的规定。本章会更深入的带我们进入艺术表演的世界，有重要表演的地方，就是每次伟大的艺术家上台时被他们所创造的。那个时刻就被称为“在瞬间里”。

“在瞬间里”是指你所听的和艺术表演，心理学，与有时候和运动学有关系的短语。它指的是精神集中，就是大多数的人在日常生活当中经常期望的或者达到的。不过在瞬间里对于传达成功的表达与达到你的目标是绝对重要的。它要求你投入百分之一百的资源——身体的，情绪的，精神的——全部都要表达出来。你也不能叫它所承诺之事，因为所承诺之事会采用多样的方式来表达。每星期九十个小时工作的人可以说是在做他的承诺之事，不过他或她花了多长时间上网或者和同事聊天呢?

可能会让你感到奇异。你没必要百分之一百为自己的承诺之事做百分之一百的表达。所有的人都有所承诺之事，不过在表达的时候都远远的将这部分内容扩充了。在瞬间里的关键在于表达中暂时不管其他的所承诺之事，因此你就会把所有的精力都放在题目上。表达之前或者之后，你可能是建筑师，项目管理人，父母，足球教练，朋友，配偶，或者太极大师。不过“在瞬间里”要求你进入了表达地点之后，就要离开所有的那些角色。

“在瞬间里”的一部分就是意识到每个专业设计都戴着好多帽子以及演好多角色，不过作为专业的设计者只有一个。我们不像表演的回顾只有一个目的可让我们(与其他人)遵循。我们是具有非常复杂思维系统的人类，具有令人惊异的能力，会在同一时间想出多于一件的事情。在同一时间头脑里面经常想着好多事情是正常的——在你的办公室里大多数的人在设计的时候不也是一边听着音乐吗？而在瞬间里发生的唯一错误就是当你表达时你有多重任务处理。

技巧

在瞬间里是一种在演讲中专心致志而抛却一切其他事务的能力。这样你的全部精力就能够专注在演讲本身。

这是怎么回事呢？这本书的题目含义显然是：表达就是艺术表演。就像舞蹈，音乐，与戏剧——甚至篮球——一样都是艺术表演。艺术表演与日常的工作是不同的，它们比大多数人们每天做的工作，要求精神集中水平要更高。理解商店里的柜台服务员一边接电话一边接待买糖果的你并不难(虽然它会使人苦恼)。想象小提琴演奏者在音乐会中突然停止去接一下电话，就超出一般的理解范围了。艺术表演对艺术家有更多的要求，至少在表演期间。

不幸地，有好多建筑师与设计者还不知道这个信息。虽然有时候他们把手机的铃声设为振动以便手机不会打扰客户，不过有一些人在表达中还需要接电话。没有一个表达者当他进行演讲的时候，做工程计算，检查他们的私人组织本，或者做白日梦；但有时候当他们进行表达时，他们的头脑就漫游到接下来的会议，任务，或者假期的事。在瞬间里做这些事情对大多数的专业者看起来是不可思议的事，不过对于要成功地给观众传达你的消息，避免上述情况绝对是重要的。

在瞬间里，有两个主要的障碍：过去与将来。当然瞬间是现在的，因此在瞬间里意味着你把你个人所有的一切精力，都带入这一小段时间里正在发生的事情，不管你是不是在进行表达。

忘记过去

有两个涉及过去的方面会严重地影响表达：一些演讲者的议题被以前令人困扰的经验相当程度的妨碍了；其他演讲者由于刚才遇到的小问题和随之而来的困扰一直保持正在进行表达。对于不能把注意力放在现在的进程的演讲者，两个方面都会给他们带来麻烦。

处理“行李”

较远的过去会导致演讲者的情绪低落。以前不顺利的表达经验会成为你的障碍，比如，以前的客户对表达的反馈看起来像是敌对的，或者最近的活动使你的心情不好。所有发生的这些事情组成了你表达所带着的“行李”。像真正的行李一样，这精神行李会留给你不灵活的，笨拙的，从而导致你过度用力的负荷。

也许一些“行李”已经很古旧；就是说你可能被人家告知，甚至从小就有人跟你说，因为你无聊或者因为没有人关心你所说的话，因此公众演讲根本不适合你。虽然这个心理问题需要很长时间被治疗，来使你永久的摆脱这个负担。不过其实方法很简单，你只要有信心地把“行李”放在演讲房间的外面，至少放一会就行了。你要知道(在大多数的情况下)观众对你都不熟悉，他们没有听过关于大家对你的评价，而且他们也不管你的大三老师写什么“永久履历”。通常，观众就在那时候对他们所看到的和听到的事情进行反应，而不是因为别人对你的评价才给出自己的反应。好久以前的“行李”会带来不必要的意识而引起你回忆好多事情，不过你的观众很可能不关心，而且并没有太多的注意它。

摆脱新近的行李会成为你必须进行的一项工作。如果你对于上个星期做完的表达感到不顺利的话，这体验的一些残余就会影响你现在的表达。演员当在新的表演不太成功的时候也会面对这样的挑战。“在瞬间里”要求表演者(或者演讲者)要抛开以前的事而把焦点放在现在的任务，就是说最重要的问题就是面对现在

技巧

最重要的是不要让你自己被小事情打断，因而失去你的专注。

的挑战。从最近不顺利的表达可获得的经验就是学习不要再犯同样的错误。对准备与排练的时间来说这是有用的练习，不过不是对于表达本身。像好多喜剧示范，最好的方法在蛋糕落下之前就要一直提醒你自己，“不要把蛋糕落下。”

第三个类型，可能在表达的时候是最难被处理的一个，就是在表达中造成过失。当演员犯错误，错过表演开始，或者错过舞台暗示的时候，像所有的人一样，她就会变得慌乱。她的心跳会加快，脸红，而且呼吸也会变得更快。不过专业的演员比非专业的会更快地克服那些反应。保持“在瞬间里”意味着内心独白的严厉指责自己——“我不能相信我那样做了”，“我怎么这么笨呢”——她不能进一步改善舞台上的动作，并且不能接受明天导演给她的短信提醒她下次不要再弄糟。专业技能是克服表演当中小的(与大的)错误能力，而同时没有完全地破坏戏剧中所营造的气氛。

经验方法

由于表达与舞蹈一样，你最后的成功不是依靠你过错了一个还是两个部分，而是依靠于你的恢复能力与犯错误之后还能够保持微笑。

它与表达技巧的相同点应该很明显了。最重要的是不要让你自己被小事打断从而失去了你的专注力。在瞬间里就会帮助你把焦点坚持在你表达的目标上面。

如果你曾经看过田径运动会的话，可能你注意到跳栏比赛选手碰撞跳栏的时候并没有遗失分数。可能只会使他们慢下来几毫秒，不过理论上击倒所有的跳栏还可以赢得比赛。这可作为表达的适当隐喻。如果你坚持把焦点放在你的目标上的话，可能——至少在理论上——在 20 分钟的表达内每 2 分钟犯一次错误，不过你还会完成任务，甚至还可能赢得任务。由于表达与舞蹈一样，你最后的成功不是依靠你错过了一个还是两个部分，而是依靠你的恢复能力与犯错误之后还能保持微笑。因为有可能你是知道有某个部分发生错误唯一的人。

忘记将来

因为我们的生活不断向前走，因此过去比将来的事对于在瞬间里有更大的障碍。不过并不是意味着将来的预期在瞬间里不会影响着你的能力。

预想也是成功表达的敌人，因为所有人的思维都要比他或她说出来的话进行得更快：说话者一般先想一下接下来的要点或者要做的动作，在正常的情况下，这不是问题。只要事情按照计划进行，提前设想不会造成严重的困难。不过当你在将来的生活时，当你说话之前头脑里有词句斟酌的时候，你的生活与开车的人使用后视镜看路是同样危险的。你会看见路上的一部分，不过不能看见邻近突然发生的危险。

在戏剧当中，这提前想的习惯被称为“预想”，它模拟了所有可能出现的问题。在实际水平上，预想使你“走”在其他演员的台词之前，因为你只关注你要说的话，因此你就没有让他们完成他们应该说的话。预想把表演的实际情况都表现出来了，比舞台上的动作，演员互相之间的台词更多。预想绝对不是戏剧性的动作，甚至能够令开幕的晚会表演看起来是乏味的。

专业的设计者也可能犯预想的错误，就是在别的人在说话的时候，他或她突然打断而开始演说。或者因录像机是否准备好了而困扰着，因为表达最后的部分打算要放有趣的录像。或者略过他们自己的议程，打算以后再补充上去。

“在瞬间里”是预想最好的治疗。如果你尽量把焦点放在当时你说的话，你就会反对恶性的预想了。而且你的表达在观众面前看起来会是更新鲜的并且是更加自发的。

提前计划，而不是提前想好答案

提醒

当你表达的时候不要想得太远了：你会看见路上的一部分不过不能看见邻近突然发生的危险。

表达不是国际象棋。国际象棋的比赛者会取得胜利是因为他们会预期对手的四，八，或者是十步移动。更进一步的，你会计划表达中的发生的多样事件与偶然事件的可能性，然后你也会达到最终的目的。不过表达要求你的行动比国际象棋比赛者的要更敏捷，在真实的时间里作决定，对其他人所说的话进行敏捷的反应。这就是“在瞬间里”的本质。

你可能会提问，“你不是说要好好准备表达，以便就会得到比你能够表达的消息更多的内容呢？它们都是属于预想吗？”确实，传达好的表达要求非常深入的计划与准备，已经强调过好几次。不过表达之前提前计划与在表达的时候提前想是完全不同的两个活动。提前计划都有原因，就是说关于所有的人会在哪里坐着，站着，说话，与走路，都要作谨慎的决定。同样的，当表达发生的时候有很多原因不要提前想。否则你就会像被警察抓住的人似的，变得慌乱或者舌头打结。如果你让思考过分偏离的话，而不是注意现在表达中在发生什么事情，你甚至可能会暂时失去知觉。你的命运就会像二垒手一样，当滚地球在他的两条腿之间滚动时，他还在想他的下一轮击球。

技巧
倾听是“在瞬间里”的重要因素，因为它把你和你周围发生的事情联系起来。

倾听

与“在瞬间里”有关系的其他障碍就是我们不能够听取别人说的话。这在专业设计当中是长期性的问题，是表达的主要问题。倾听是在瞬间里的重要因素，因为它把你和你周围发生的事情联系起来。

你有没有看过一个演讲者因为热情地传达他的消息，因此没有一个人能够打断他的注意力，告诉他超过时间了，或是幻灯片放映机都也没有内容可以放映了？不听其他人的表达是不在瞬间里的症状。甚至虽然你在说话，你必须要给你周围发生的事情以迅速的反应。

技巧
作为更好的倾听者会使你作为更好的表达者。

倾听会使你作为更好的表达者。如果你能够从高高在上的演讲地位转变到一个人会和观众进行积极的会话的话，你就会发现你自己更被赏识与尊重，比起仅仅作为隔离观众的消息分配者就你就会更被观众所关心。

“在瞬间里”的真正意思是什么

作为普通人要保持长时间的“在瞬间里”是很难的。我们的头脑经常能够积极地向前想，我们的记忆容量也十分庞大，因此如果为了几分钟的表达把我们的经验仓库暂时清空的话是可笑的。不过它是一种能够暂时离开过去与将来的事的能力。成功的表演者，包括成功的演讲者都可以做到这一点。

问题是有好多建筑师与设计者没有在真实的时间里实行。我们从事的是沉思的职业，就是把问题谨慎地陈述(有时候谨慎的使人烦恼)，并且想要给出解答需要在几天，几个星期，几个月或者几年之后。不像医院的医生们，我们很少做瞬间的决定去影响我们的工作结果。甚至一些看似容易的问题也需要在几个小时或者几天内才被解决，而不是马上解决。这样的工作观点和我们的表达是相反的，因为表达是真正的艺术表演形式。它永远不会有两次是一样的；它既被观众又被演讲者影响；而且它也在特殊的地方与时间进行的，永远不会复制。对专业的设计者来说这就是表达的真实时间与最难抓住的方面，因为大多数的专业者没有这样的经验。

不过关于“在瞬间里”的事差不多就是这样。就是说现在除了这个表达以外，要承认(或者干脆假装)在你的世界里其他的什么都没有，现在在特定的时间内把焦点都放在你所有的智力与精力上。你认识到表达并不像练习之后，提前检查你的议题就不难了，就是在表达的时候你不要做多项任务，你需要倾听其他人所说的话，而且按照表达所关心的议题进行准备，这样就没有所谓过去与将来的问题了。

总结

“在瞬间里”意味着在表达中要百分之一百的身体与精神的集中。在要求高度的集中与聚焦方面，对于表演的艺术家与运动员是很普通的，不过对于忙碌的专业者就不习惯了。

- “在瞬间里”像展示一样，主要是身体表达。就是在表达中要带来你所有的高度集中的个人资源。
- 它不像设计，表达不是沉思的艺术。它在真实的时间里发生，要求你真正的投入。
- 思索可能在你的生活当中是好的习惯，不过对表达来说是致命的。你需要离开以前的与新近过去所犯的错误，把焦点放在这一瞬间里。
- 预想接下来的事件也同样危险。预想意味着想得太远，对于周围发生的事没有什么反应，这样一来较小的不幸事故就会破坏你的表达。
- “在瞬间里”听起来像流行的心理学或者研究的忠告，不过它能够区别于无聊乏味的表达和具有活跃思维的讨论。

第九章 记住你的道具

好几年前在一个大学的设计讨论会，有三个著名的建筑师被要求不要使用幻灯片来表达他们的设计过程。没有一个被邀请的说话者做到像他们被要求的那样：三个人都使用深入细致的幻灯片来表达他们的工作，因此有好多观众感到惊奇，讨论会的目的到底给说话者解释清楚没有。

你从这则轶事可推论出，建筑师天生不能离开视觉工具来表达他们的工作。我们可以想象听着演讲者传达一张纸的内容，上面包含关于核子物理或者癌症治疗或者社会心理学的论文，它仅仅使用单一的图表。不过对建筑师来说如果没有图像可参照的话，说话超过 2 分钟简直是不能想象的事情。

经验方法

认可没有视觉工具去演讲的专业设计者几乎是不可能的。

视觉工具好还是差不是在于它们自己的本身。像好多死气沉沉的物体一样，它们能够有帮助或者没有帮助，是要看它们是怎么被使用的。奇怪的是，专业设计者就把好多没有帮助的策略成为标准的实行了。在本章就会探索可被使用的多样方式视觉工具，帮助于你的表达与避免一些意想不到的困难。

物主身份的观点

这章的标题，“记住你的道具”，需要一些说明。娱乐性行业的一个规定和本章标题有关系的，就是负责道具的演员都要把它们准时带到剧场。道具是舞台演出的行话，就是戏剧或者电影里

提醒

这是演讲者的责任来确定道具的位置是否适当，以便确定它的绝对功能。

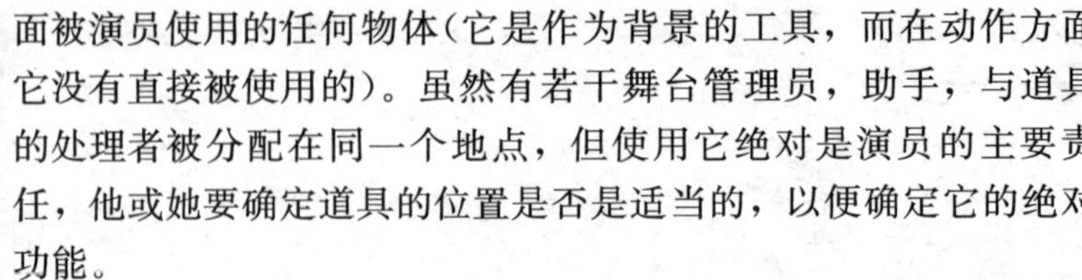

面被演员使用的任何物体(它是作为背景的工具，而在动作方面它没有直接被使用的)。虽然有若干舞台管理员，助手，与道具的处理者被分配在同一个地点，但使用它绝对是演员的主要责任，他或她要确定道具的位置是否是适当的，以便确定它的绝对功能。

和表达有关系的应该很显然：不管有多少艺术家，工程师，视频协调者，与CAD技术员参与表达的创造与设置，道具还是演讲者的绝对责任。这不仅仅包括由建筑师的工作人员所准备的符合建筑师的印章和图版，也意味着每个演讲者必须要亲自地检验他或她必要的工具与备用的材料，包括进行表达的房间。当然其他的人可以帮助，不过他们只能帮助而已——表达的责任还是要依靠演讲者。

警告

建筑师经常被他们自己的图纸迷住了，使他们一直向图纸说话而不是向观众说话。

和你的视觉工具相连

和辅助的视觉工具有关的其他普通问题就是你怎么和它们互相作用。你会回忆第五条诫律，“面对观众”，或者大家所知道的其他说法，“永远不要把你的背部向着观众。”建筑师经常被他们自己的图纸迷住了，使他们一直向图纸说话而不是向观众说话。

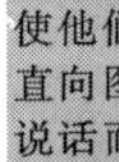

显然会提到的问题是，“当我的图纸面对着观众时，我自己怎么能够面对着观众呢？我能够要么面对着图纸要么面对着观众，不过我不可能同时面对着它们两个。”

对于这个问题有两个策略可使用。第一，使用舞台的技术“开放交流”，就在第五章简短地被讨论过的。你有没有注意到当你看戏剧或者电视节目的时候，他们是在现场的观众面前拍成电影的，而演员几乎都没有直接地互相看？这就是开放交流的原则。就考虑把表达作为三方的会话吧，包括你，你的辅助的视觉工具，与观众。在三个方式的会话中，每个参与者在三角形的顶点站着，就是说每两个参与者大概在60°的视角左右站着(图9.1)。尝试设立你的房间有三个方面的会话，你与你的观众是两个参与者，而你辅助的视觉工具就是第三个参与者。如果你这样做的话，于是在同样视野的圆锥体里你既能够看见观众又能够看见你的辅助的视觉工具；在其他两个圆锥体视野也是同样的。

经验方法

考虑把表达作为三个方面的会话吧，包括你，你的辅助视觉工具，以及观众。

第二个策略会更有效果，就是使用电视里的气象报告者的方法(图 9.2)。你有没有注意到电视预报员指示地图上的天气预报

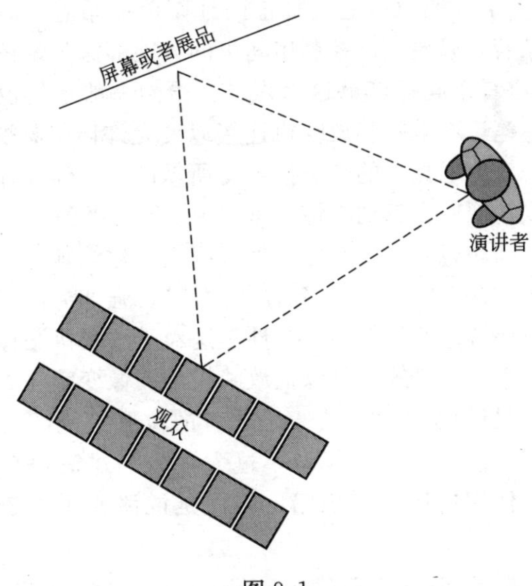

图 9.1

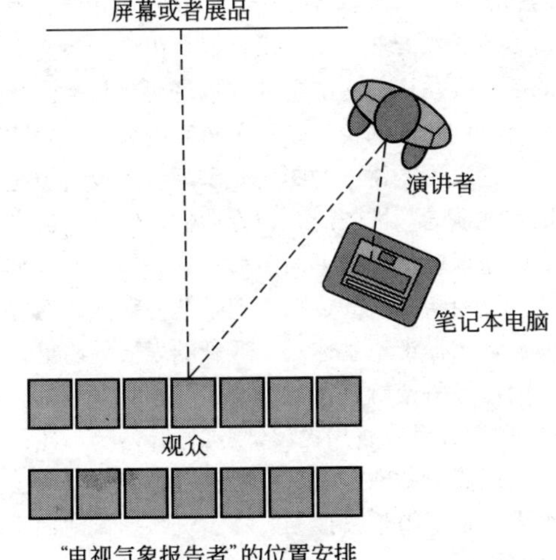

图 9.2

的时候，虽然地图是在他们的后面，不过他们还能够向镜头看呢？因为在他们的前边有视频监视器可显示他们在地图前面怎么出现。(实际上，他们不是在真正的地图前面站着，而是在蓝色的屏幕前站着，以便允许控制房间里的人能够添加地图上气象的影像)。演讲者也同样能够这么做的，虽然一般他们没有使用蓝色的屏幕。笔记本电脑和放映机连接以便允许你“监视”你后边的屏幕——就像电视里的气象报告者所做的。当你和你的观众互相看的时候，他们会感到吃惊的是你很少转向屏幕。

相关的问题就是在所有的其他选择上，建筑师还坚持使用放映机的图像。在第四章，“找到你的照明”，强调演讲者找到他或她的照明与保持它的明亮的重要性。这对于放映机图像的显示质量显然有关系。一般的，可以把放映机的图像变暗一点——以确定演讲者有足够的照明。虽然说话者的位置可能够亮，放映机图像的显示质量就会降低了，不过大多数的建筑师却使用了相反的方法，他们把房间弄黑暗，因而是说话者而不是图像看不见了。

留下的图册是什么呢？

留下的图册就是表达的摘要，或者提交资格的补充，在设计专业当中它是尊重客户的传统。留下图册在专业者当中很普遍，因此如果有竞争者去接见的时候没有带着它的话，会被认为是疏忽的，或者对项目是不感兴趣的。

不过实际上它们只有特别有限的价值。一个市政的公务员，工作要求他负责众多的挑选过程，表达之后，留下的图册几乎都从来没有被全体陪审员商量过，成员可能又接受其他的一堆图册，因为他们已经有了够多的一堆文献。他能够给出的唯一的建议就是把留下的图册完全丢掉，或者如果你必须要做的话，就创造一个“提前给出”的资料，于是会使得全体陪审员跟随你的表达，笔记重要的要点，与仔细检察你对无瑕疵的表演的要求。

反对“提前给出”的传统争论就是在你的表达的时候人们翻查它，提前跳过，直接到文本底部(如果最后有费用提议部分的话)，要不然他们也可能把表达的流程中断。这建议值得考虑是因为已经参考过好多城市公务员的意见，因此知道“提前给出”是值得带去接见的唯一资料。对他们来说，留下的图册只是浪费好多纸张而已。

辅助视觉工具概述

这部分会讨论关于哪一个视觉工具对于设计者来说是最流行的，包括讨论它们的有利与不利的方面。讨论的要点并不是要让你确定地说哪一个方法是最好的。每个表达都有独特的情况，内容、与限制。这部分就是要帮助你决定哪个媒体最能够帮助你达到表达的目的。

这部分讨论会从经过检验的传统方法——到真正的视觉工具和最新的技术。不像表达形式的讨论，在这里就没有晦涩的议题了——可采用的媒体就是对表达最有效的。一般列表排列从旧的，更常见的，到最新的技术，不过列表的顺序不是优先选择的指示。

表达板

到目前为止，最古老的辅助的视觉工具是在表达板上被裱贴的图画及图纸。除了以模型表达设计与建造外，没有其他表达媒体有更久的历史了。尽管专业者愈来愈依靠数字媒体，不过表达板在好多表达当中还算是重要的媒体，因为它们具有一些优势。

表达板的主要优势在于他们的真实——表达板一旦被打印出来就是真实的存在了，而且演讲者不用费力地去设置它，只要把它放在那里就行了。这个优势可能看起来不太重要，不过对每个人在危急的时刻经历过装备失败，因而没法使用电子表达的时候，它明确的变得很重要。但虽然木板可靠，它在技术上还可能会失败：它们会弯曲，破裂，变得卷起。因此必须要好好地看护表达板，包括去客户的公司进行展示途中的时候。

表达板的其他优势在于，因为它们作为单独的实体，因此你在任何表达结构中都能够很简单的由指向一个图像到另外一个图像。使用木板的演讲者比大多数使用计算机软件表达的使用者更加方便。它的适应性允许你和观众有更多的互相作用。最后的，因为它们不是被放映的媒体，因此表达板允许你在表达中打开所有的灯光，使房间里充满了光亮，这种情况是显而易见的优势。

表达板有其他的一些不利。第一，它们的生产成本比较贵，要求时间上的精确安排(现今一般都是带颜色的)与干式裱贴，而每一个板大概要花 50 美元左右或者会更多。如果使用好多表达板的话，辅助的视觉工具的成本就变得高起来了，而且它们被使用了一次通常就被放在仓库里面直到被当作废弃物品处理。

表达板的其他缺点在于它们的大小。要考虑它们可携带性与可见度的两个方面——就是说，它们越小就越难被看到。相反来说，特别大的表达板对于读取内容就很容易，不过对于运送它们来说就相当困难。相关的问题就是在同一段时间内要处理大量的表达板，任何表达使用十二个或更多的表达板就会变成滑稽的洗牌游戏。同时你要努力保持正确位置来放置木板架与正确的视觉角度。木板架本身是时常发生问题的，因此你必须要带来你自己的支架，或者寄希望于客户也许会有(也许没有)。

高架的放映机

高架放映机是建筑师很少使用的表达技术之一，至少到过去的前几年。有两种高架放映机被表达使用：一个是偶尔被使用过，这几乎是古老的技术；另外一个是高科技的手段。每一个技术都会在下面的部分被单独讲述。

传统的高架放映机

也许你能够用一个手来数你所看过的所有使用传统放映机放映幻灯片的建筑表达。以前当商业界把高架放映机作为标准的表达形式的时候，建筑师们都根本不在乎它，也就不会去使用它。

设计专业为什么不能够接受这种中低档媒体是有原因的。有许多传统的高架放映机发射光束的不均匀，图像扭曲，使好多建筑师无法接受这样质量的平面图或者照片。这样的限制使大多数的设计专业者不想使用它们。不过除了平面图与照片以外，很多设计工作由其他的要素组成：有不少的会议经常表达关于节目的消息，预算或者时间表，对这个方面来说高架放映机很有用。传统的放映机把灵活的(与真实的)表达板和容易传送的，可靠的，便宜的媒体结合起来。高架放映机的其他特点在于它会向演讲者(你)发射出好多光束，甚至如果有人把房间里的灯光变得暗淡的话，你还能被看得见。

传统的高架放映机的主要不利方面都已经被提到了——这种媒体不能作为照片或者绘画的理想放映手段。因此在会议中要求表达的时候要有相当好的效果，你可能就不会选择使用高架放映机。相反来说，常见的与可随便使用的高架放映机比起特大的表达板或者更先进的技术，它能够使你的表达较少被负面因素所影响。

电脑放映机

使与传统的高架放映机对比，电脑放映机在大多数的商业活动与专业设计当中被更广泛的接受。典型的，这个技术体现在笔记本电脑驱动的液晶放映机，以及使用一些表达软件的形式。由于这样的媒体被很广泛的使用，因此讨论后提供了附录用来说明怎么使用表达软件以便你达到最好的状态。首先让我们考虑与其他辅助的视觉工具的类型相比，对于电脑放映机的赞成和反对的论点。

虽然专业者精通传统视觉工具，令人惊讶的是，使用电脑放映机表达流行得很快。虽然没有那么普遍，前十年建筑师使用笔记本电脑表达变成愈加普遍了。有若干理由可解释这件事，不过最主要的是放映机的技术在质量方面已经追上了老的幻灯片放映机。现在质量好的液晶放映机可以生产和幻灯片不能辨别高下的图像，而且在某些情况下它会更好。液晶放映机还是比较贵，不过就像所有的电子产品一样，价格下降与质量提高，而且提高的速度真令人惊异。

使用电脑表达的益处是什么呢？在好多方面的第一个益处应该是它们的多功能性。由于这样的表达是“非实质的”，就是说它不需要任何人造物品——包括幻灯片——演讲者在开始表达以前就能够更换表达的内容或者表达的顺序。既然建筑师喜欢 11 个(或者 12 个)小时都在忙各种事情，因此这是个巨大的优点。使用电脑表达也能够帮助你增强表达的结构性，就是把你的大纲放在屏幕上，然后你和你的观众就跟随它进行表达(这也能够使用幻灯片来做的，不过要求考虑更深入的计划去完成它)。另外，表达软件也允许你容易地增加表达的标题与其他绘画的要素。

技巧
既然电脑放映机表达是“非实质的”，演讲者在开始表达以前就能够更换表达的内容，或者改变表达的顺序。

电脑放映机的其他优势包括它们可以忽略的成本：昂贵的放映机在 18 个月之后就过时了，但考虑它能够创造 5 个，50 个，或者 500 个图像表达，它的昂贵价值几乎就不算什么了。除了装配它的时间问题以外。(与这事实有关的风险就是因为表达过多的“幻灯片”会超过允许的时间)。另外就是它能够在单一的文件里整合多样的媒体(照片，图画，表现图，录像，甚至音乐)，而且可以自动开动，或者就按电脑上的“下一页”按钮。相反的，你可能会想，被电脑驱动的液晶放映机能够作为“无照明”的表达技术。它们在白天的室外虽然没有效果，不过在相当长的时间范围内，甚至在明亮的房间里，都能够创造好的图像。

被电脑驱动的高架放映机的主要不利因素就是它包含着若干新技术，因此会使一些演讲者感到紧张——甚至经验丰富的演讲者有时候也还会尴尬地面对停滞不前的笔记本电脑，不工作的放映机，或者看起来没什么问题的问题设备——不过实际上它不能再继续工作了。额外支持计划的重要性(参见第六章，“坚持下去”)就不能被过分强调。而且电脑放映幻灯片一般都是线性的——就是说，一个图像顺序的跟随其他图像——因此没有那么容易以适合于观众的临时安排或者把议程改变。不过还可以做得到。这些应该怎么做的事情在附录会讲到。关于“非实质的”电脑放映机使一些演讲者(与他们的观众的气氛)变得冷淡，因为经常没有图纸或者模型可引起他们的互相作用。

模型

技巧
模型的主要优势就是它们能够传达三维的想法。

在最古老的媒体表达中，模型表达是一直为建筑师所喜爱的传达设计的想法。它们的主要优势就是能够传达三维的想法。(不同于 3D 电脑图像)。通常给客户传达设计的想法，使用模型表达几乎是不可代替的。

不过模型的主要优势也是它的缺点。由于它们不是实际的大小，因此客户实际上并没有完全地了解项目的质量，甚至模型的媒体。同样地，模型趋向于给客户空间透视，适合于理解形状与项目的大体形态，不过不总是它的内部结构。而且因为它们通常反映了趋于表面化的形式，因此有时设计者比客户看模型更为专业和细致，而客户可能看它们只是塑胶与木板的装配件而已。

当然模型也是不便宜的，而且难于制作。同样的，它也趋向于传授也许是最为宝贵的设计想法，虽然不适于在设计过程中的第一阶段使用。不过当它们被拿进房间的时候却可能创造了轰动效果，而且它们像玩具的样子可能有相当的吸引力。

录像与动画

技巧
动画的优势还包含着它使人眼花缭乱的功能。

现今，“建造模型”的短语经常意味着的不是使用纸板搭建的，而是在电脑的空间中使用三维的表示法被创造的项目，与它们要么被看做一系列的静态视觉图像(被称为表现图，虽然与描画的老式表现图具有一点类似之处)要么被看做一系列的活动图像，被称为动画或者录像。建筑师已经超过了使用简单二维图像的电脑时期——实际上有足够的原因去做——与开始认真地考虑电脑模型怎么能够帮助给客户或者使用者解释设计的想法。同时，动画软件被继续改进以便小的公司也能够创造优美的动画。

动画的优势还包含着它使人眼花缭乱的功能，动画趋向于很快地穿过与移动在建筑的内部与周围，给人以形象的空间感觉。不过它没有太多的停止与考虑细节的能力。另一方面，电脑模型比物质模型更有优势：它允许使用者在人视的水平中体验项目，就像真正的人，而不像在直升飞机里飞行在项目的上面。

录像与动画的主要优势像物质模型一样，要求时间与生产的费用——区别在于实质的模型经常作为项目文件的基础。而要做好的动画要求巨大的电脑时间数量，虽然是自动化的，不过可能会影响项目接近于表达的最终期限完成。生产真正的录像要求其他工作部门增加视觉效应，绘画与声音来创造真正的优美表达作品。

不过可能电脑模型与动画的最大限制在于媒体理论家，马歇尔·马克卢汉(Marshall Mcluhan)所描述的：电视(包括录像，动画录像，与被电脑驱动的录像)是“冷静的”媒体，就是说它是属于不要求有好多观众的传达形式。同样的，甚至最好的表达录像也会具有把观众平静下来的结果，把他们从表达的真实分离出来。表达像现场戏剧一样；而录像就像看电视一样。从观众的投入与反应的程度来看可看出有明显的差别。录像最差的被使用的场合——在本书中绝对不希望推荐的——在你表达中，在讲述者说关于你或者你的公司的时候，放着关于这些内容的录像。这种“广告”的方法肯定会使得已经产生怀疑的观众更加脱离于内容之外。

选择你的武器

选择辅助的视觉工具最重要的因素就是要挑选一个会帮助你达到目标的最佳工具。有时，你的选择会被环境或其他因素限制（如充满日光的房间，或者讨厌 PowerPoint 软件的客户）。通常，辅助的视觉工具的选择是你来决定的。第一，要考虑所有可用到的选择。如果需要的话回顾一下上述所讨论的内容。第二，要考虑哪个媒体对你所想要给观众传达的信息最有效的。按照马歇尔所指的观察，“媒体就是信息。”不过见本书的旁注，“倒置的原则”：有时候技术与你所打算的结果是相反的。最后也是最重要的，要选择对你个人来说是最舒服的表达媒体。没有一个观众想听演讲者发出这个词，“那么，考虑到我从来没有用过它，因此祝我好运吧。”如果你的目标要求绝对要使用你感到不舒服与不熟悉的技术的话，就在表达之前，而不是在表达的时候，去适应它以便表达时你都感到舒服与熟悉。

最好的辅助视觉工具

技巧
最好的辅助视觉工具是在现场被创造的。

录像项目的另一重要方面是，演讲房间里的哪个位置能够使建筑师与设计者真正有好的表达机会。最好的辅助的视觉工具是在现场被创造的，就像在活动挂图上的手写词汇（使观众能够欣赏你在学校时学过的整洁字体），在标记板的图表，或者横过图画或者表达板上画出一系列斜线那么简单。（不令人惊讶，即时绘画最难的地方是在你的笔记本电脑的屏幕上做的。）不过这即时的视觉表达会帮助提醒观众，他们不是在听着会计员或者经济顾问说话，而在听着有创造性的专业者说话。有时候当演讲者的演讲偏离演讲内容时，这个演讲者就会受冷落，最小心的表达会变成帮倒忙。一个能够把这个问题解决的办法就是在观众面前，在真实的过程中，在房间里创造即时的绘画表达。

不管我们对绘画工具的舒适程度如何——钢笔与马克笔——建筑师有时要勉强拿这些有力的媒体，这是一个能够帮助从其他的专业者中区别他们的有效工具。大多数的勉强是来自于对表达被看做艺术表演的不安全感——被看做建筑师事实做的一部分——以及把表达看做不自然的行为趋向。这不安全感于是使演讲者害怕，就是害怕看起来会犯错误，或者不知道该画什么。所有这些被关心的事是正当的，不过没有一个是不能克服的。在表达的房间里知道该做哪个标志区别于说即兴演讲与临时凑成。没有一个人希望你在进行表达时弥补。有经验的演讲者会有很深入的题目知识提取，就是从表达之前已经有了很深的话题思考，使他或她的说明自然而然的继续下去。

倒置的原则

由于辅助的视觉工具在整个范围进行从天然的记号到非常便捷的笔记本电脑放映——半自动的设计工作，因此你可能会想到观众越聪明，他们就会越希望看后面的内容和接下来的内容。虽然没有科学研究能够支持这个理论，不过倒置的原则正好相反：观众越不聪明，他们就越会被高技术所震惊，要么被笔记本生动的表达要么被栩栩如生的动画所震惊。相反的也许更容易引起争论的，按照倒置的原则，客户越聪明，越要小心电脑与软件能够做什么东西(无论如何，至少每天要看一次 PowerPoint 的表示)，对手工的视觉与人的接触表示需要留下更深刻的印象。从斯蒂芬・霍尔(Stephen Holl)的水彩略图到蜡笔画到纸板模型。下次你打算在表达中使用辅助的视觉工具的时候，要考虑到倒置的原则是否适用你当前的挑战。永远要记住你的目标应该决定手段，而不是相反。

总结

辅助的视觉工具是演讲者的工具中的重要部分——如果演讲者是个专业的设计者的话更是这样。一个没有辅助的视觉工具的表达经常像训诫一样无聊。

每个演讲者对他们自己的道具有责任；这项责任可以被其他人承担，不过是避免不了的。在本章中所讨论的表达工具包括：

- *表达板*。经过无数次试验的，并且是真实的存在，不过并不便宜，而且麻烦。
- *幻灯片*。曾经作为专业者的主要表达工具，现在已经过时了。

- *传统的放映机*。建筑师从来没有太多地使用它，对于制成表的或者图表的资料它是非常好的工具。
- *电脑放映机*。迅速的变得普遍，能够在单一的文件里把好多不同的媒体联合起来。
- *模型*。令人尊敬的工具；并不便宜，不过对于不具有识图能力的客户有所帮助。
- *动画与录像*。使用的机会也迅速地增加，动画是有力的而且给人深刻的印象，不过沟通较少。
- *真实时间的即时绘画*。如果你真正想要使观众眼花缭乱的话，你最好的工作就是带给他们真实的绘画吧。

第十章 知道何时结束

“亲爱的，讲演想要不朽，它就必须简练。”

——穆里尔·汉弗莱(Muriel Humphrey)

“讲话永远不要超过 20 分钟。”

——罗纳德·里根(Ronald Reagan)

在还没有卡拉 OK 吧的时候，有时你会发现在一个酒馆里，演员们被允许，甚至是被鼓励和观众们一起娱乐。在纽约城剧院区的这样一个酒吧中，来自百老汇的演员们会轮流和市民们在一起。一种确定的方式来区分职业演员和业余演员：职业演员们总会知道他们何时结束，业余演员们则要被告知他们何时结束。

知道何时结束，懂得在你的观众厌倦之前结束，也许是那些做正式讲演的职业者们最不擅长的技能。幸好很多讲演是限时的，这意味着如果你超过限时仍然继续，观众们会提示你结束。但如果一个演讲人已经进行了几次演讲，他会发现如果他的合作演讲人不懂得这条基本的规则，这样就会导致一个充分准备，然而毫无休止的演讲。

掌握时间就是掌握一切

为什么绝大多数演讲人在现实中总会削弱时间观念？这可能

提醒

一种基本的方式来区分职业演员和业余演员是职业演员们总会知道他们何时结束，然后他们就迅速下台。

基于以下几种原因：

- 讲演中的情感要素（紧张，兴奋等等）使得演讲人失去了对于时间的控制。这也许已经是陈词滥调，但却是事实。
- 当碰到“做还是说谎”的情形——比如对于项目的竞争——演讲人就会说比他们准备的更加多的话。
- 没有人会想知道他的老板会用多长时间来读他的两页长，单字距的个人介绍。结果这需要比平时多两倍的时间。
- 虽然个人因素已经被仔细的考虑过，但是没有人会想承担一个演讲者到另一个演讲者的差异的责任过渡，或是媒体改变产生的差异（比如从幻灯片到白板）。

因为有这样那样的导致演讲中原计划时间被拖长的因素，对于这个问题有很多解决办法。接下来的是一些建议，使得你的演讲在给定的时间中可以从容不迫的结束。

关键的明智

知道何时结束的关键是不要考验你的听众的耐心，在卡拉OK吧中就意味着大家应该轮流唱歌。在一个职业讲演中，它意味着在规定的时间中结束。在市场营销方面的讲演中，总会有若干段时间用来给观众们提问题及演讲者的回答。回想在第二章和第五章中提到的讲演中的交互问题，很显然，更多的交互也就是更多的提问和回答，比单方面的演讲要好得多。设计方面的演讲可以结构松散一些，但在大多数的设计方面的会议仍然对时间限制提出了要求。在市政方面的会议上，比如区划听证会或是其他，简练的演讲就尤为必要。因为委托者和其他官员如果不是对演讲涉及的方面感兴趣，就会非常容易疲劳。

如果按照计划（或是提前）是演讲的目标之一，为什么演讲人很少达到这个目标？除了上面提到的一些原因，主要的原因是，这是建筑师们计划当中的：他们不想按时完成演讲。并不是他们试着放弃这个目标，而是他们试着传达太多的信息，对于需要多长时间来讲述一个观点进行过于乐观的估计，而对于演讲本身需要的时间则没有作现实的判断。让我们看看一些对于知道何时结束演讲的策略。

松散的组织

许多讲演从开始就注定了失败(考虑它的用时问题)，因为它们组织得过于松散了。有些人 5 分钟就把公司的背景说完，接下来就拿出两盘幻灯片来进行演讲。松散的组织意味着从实际出发来看你需要讲些什么，分配足够的时间给各个主题，然后确实减少一些需要被涉及的部分，从而可以对重要的主题进行足够的发挥。

松散的组织也意味着你允许足够多的时间来讲述需要被涉及的论点，它并不意味着懒散或是草率的组织。除非你用一整天来进行讲演的准备，你的松散的讲演应该包括了讲演的每一分钟。计划日程安排如果不需要一分钟的人要么是一个特别熟练的讲演者，或是一个不切实际的，认为演讲是不需要多长时间来准备的人。

现实的界限

这里引出另外一个有助于在演讲中更好的限时的途径：在演讲计划中建立分界。如果你有一个非常紧密的演讲安排，比如一共有 20 至 30 分钟的演讲，你需要为每一秒钟做出适当的安排。但是你也需要在你的演讲中的每一个重要环节之间留出 1 分钟左右的弹性时间，来允许活动，换幻灯片，一个简短的问题或是给观众们喘口气的时间。似非而是的，你的演讲时间越少，你就越需要为你的演讲安排建立更严格的界限。

严格的执行

松散的组织的另一面就是对演讲计划严格的执行。如果你制定了足够多的界限，并且可以严格的执行，能够发生的最坏的事情就是你提前结束了你的演讲，从你的听众的角度来说，这是给他们的非常有价值的礼物。

严格的执行需要对细节的注意。这意味着你要尽可能地知道在开始会议之前你的演讲的各个方面准备情况，也意味着你知道你演讲的场合而不是走进一家电子市场；也意味着你知道谁在负责画架，谁在负责图板，谁在负责灯光控制。也意味着需要有一个“舞台管理员”来负责演讲进程的安排，即使这意味着有时可能会打断演讲者的进程来提醒该继续下一部分。达到严格执行演讲安排并不困难，但是需要演讲者有意识去做，没有人会“偶然的”按时完成演讲。

“永远让观众想要了解更多。”

——出场名言

掌握节奏

在演讲中更好的掌握时间的另一个方面就是考虑演讲的节奏。这和第五章中讨论的关于演讲的能量有关系，但并不相同。演讲的节奏可能根据每个人的情况有所不同，但节奏有一种“传染”的特性，如果一个演讲者以一种缓慢的，无精打采的陈述开始，很可能下一位演讲者也会采用相同的节奏，除非他本人能够主动考虑到节奏，以及让内容变得活泼的必要性，相反的，如果一位演讲者以一种活泼及充满激情的方式开始，其他的演讲者很可能会遵循同样的方式。

经验方法

就像在接力比赛中一样，在演讲中第一位演讲人会定下其他演讲人的节奏，不管你是否喜欢。

一个最明显的推论就是，如果你主持一个多人演讲，一开始并不是要让你最熟悉的或是最优秀的演讲人进行讲演，而是应该让一个能够为其他人定下合适节奏的人进行讲演。如果一位节奏缓慢的演讲者坚持第一个演讲，那么你一定要安排一位具有激情的演讲人排在下一个进行演讲，这样就可以重新定下演讲的节奏，记住观念可以听的比你讲的快很多，极少有观众会抱怨演讲者讲得太快。即使他们抱怨了，那也是因为演讲者采用了过多的专业术语和结构，而不是演讲者真的进行得太快。

节奏的变化

“正确的用词会产生效果，但没有任何正确的用词能够比一个正确的停顿更有效。”

——马克·吐温(Mark Twain)

你也许曾经听过一个乐队指挥说：“我想要把节奏放慢一会儿。”音乐家们，即便是摇滚音乐家，也会清楚的了解不应当所有的时候都进行快节奏的表演。但是如果说：“我想要把节奏一直放慢”可能就不够专业了。你应当认识到，一个演讲尤其一个篇幅较长的演讲，不应当从头到尾都保持相同的节奏。如果其中的一位演讲人尤其的热情洋溢，也许在他后面安排一位语速较为缓和的人是明智的。如果你在进行一个人演讲。“我想要把节奏放慢一会儿”这句话就显得尤为重要了。一个人的演讲比多人演讲更加需要节奏的变化。

另一方面，如果你意识到演讲过于拖沓，演讲人的节奏一个比一个缓慢，你可能需要按照埃默里尔·勒萨斯(Emeril Lasasse)的意见，“打开一个 V 字切口”。在一些极端的情况，你可能需要临时插入一位生动的演讲人来调节演讲中过于拖沓的状况。不去按照你的日程表来进行安排，也许在这个时候要比放任一个百无聊赖的演讲变得更好一些。

在任何情形下，作为演讲会议的一页，你必须时刻听取演讲的节奏来决定是否应该“把节奏放慢一点”还是“打开一个 V 字切口”。

协调动作

按时结束演讲的一个重要方面就是协调好演讲中采用的动作，在剧场中，这些计划好的动作叫做“阻断”，也许你会吃惊地发现“阻断”在一些表演形式中已经发展到相当成熟的程度，比如在电影或在电视当中。在这些表演形式中，灯光和聚焦镜头按照演员的表演准确的进行安排。而如果四到六位建筑师同处一个演讲会议当中，他们会知道什么时候站起来，什么时候坐下，在哪里讲话，在哪些地方不要，通过一些内在的不可知的因素完成上述这些行为。如果一个演讲没有任何“阻断”地进行，它可能会充满了尴尬，迷惑及不安，同时也浪费了相当多的时间。

你也许会反驳，“但我认为协调一致的动作是一件好事情。”如果你是独自一个进行演讲，这可能是一件好事情，阻断在多个人进行同一个观众的论述时就显得非常重要，同时在你把一位演讲人的观点传达给另一个的时候也十分重要。

阻断并不困难，它就是在演讲过程中给予不同演讲人的一系

技巧
在演讲中对于人和材料的动作安排及指定是很重要的，不要推测过程可能会如何，而是要给予明确的指定。

列动作，形象地说就是：“在这个时候比尔把灯熄灭，杰克站起来走到吉尔的左边，吉尔递给杰克遥控器。”阻断并不需要写出来，因为每一位演讲人都会在脑中写下自己的关于阻断的脚本。一个演讲的大纲，或是日程表的安排，另外在真正的演讲过程中，每一个人都应当“脱稿”，并且熟知他们在演讲中应当表达的语句和阻断。

提醒

对于演讲的其余部分，尤其是顺利地结束要提前规划。

点题

如果你不事先计划好，演讲结束从台上下来可能是一件糟糕的事情。“点题”是一个舞台术语，它表示在演讲结束的时候给予标志性的语句。点题的一个重要作用就是让你的材料尽快而尽可能的完整结束。这并不意味着你不可以同观众们握手并交换小礼物，而是说当你的团队在收拾材料的时候做这些事情，因为你的设备及各种材料不可能自动消失，因此你需要时间清理它们。

处理不同的角色

令人惊奇的是，几乎没有人去考虑在演讲当中对于不同人及其性格的掌握及处理。个人演讲是极少数的事情——经常你从属于一个由两人或十几个人组成的演讲团队当中，很显然，你的团队中人数越多，“阻断”的安排的重要性就越大。

最重要的任务之一就是让某个人担当导演的角色。——去告诉其他人应该在什么位置站着。在这里导演的任务是处理不同的角色，给予每个人能够发挥自身作用的位置，不管他们是否担任演讲的任务，总之要保证所有的技术问题都要得到解决。如果一个人没有说话，他就应当安静地坐着看并且全神贯注地听其他人进行演讲，或者他们也可以操纵灯光，打开或合上百叶窗，在笔记本电脑上按“下一页”的按钮。导演的任务就是确保没有多余的动作，没有对于谁应当在哪里的迷惑。有的时候在一个演讲中，导演的任务也包括提醒那些演讲者“该上台了”，或是礼貌地提醒，那些不注意时间的演讲者应该进行下一部分了。

多人演讲总会在一个演讲者和另一个演讲得之间的移交过程出问题。演讲者总会遵循一种仪式化的小组讨论的形式。在小组讨论中，每一位成员都会被郑重地介绍，接下来会进行自己的陈述好像它们从未被做过一样，同时也会有许多诸如“谢谢你”之类的谦词互相交换。整个过程就好像日本歌舞伎表演时的套路。除了浪费时间，这些过渡环节冗余且不必要。

如果希望用一种更好的方式来进行这些过渡环节，可以看看当地的新闻。新闻播报员们用两种方式来进行移交过渡。第一种，他们直接切入主题，而不会有任何的致谢部分，在技术演讲中这种方式运用起来非常有效，不仅节省了时间，而且让其他人觉得你知道自己在做什么。

第二种，新闻播报员经常使用的方式。经常用于天气预报或体育评论员当中，就是通过问一个只有对方才可能知道的问题。“鲍勃，你怎么想的？明天在圣帕特里克大街的游行队伍会遇到下雨的天气吗？”鲍勃微笑看，一边回答着问题一边开始明天的天气情况介绍。这种轻松的打趣确实是一种在演讲者之间进行移交的好办法。因此与其说：“下面由我们的项目经理，吉尔·斯蒂文斯，来介绍项目的进展情况。”你可以试着说：“吉尔，在接下来的12个月还有很多事情要做，你打算如何去做？”这样产生的效果不是那么正式，更活泼，也加强了职业者之间平等交流的气氛。

首先，你需要一个表示结束的台词，你的结束语应当比诸如“那么我想就到这儿了”，之类的更强一些，它应当像一声号角来提起你的观众的动作，而且必须使别人明确地知道你的演讲到此

对于时间延误的补救办法

在几乎任何一个演讲团队中，总会有一个人无视给定的演讲时间的存在。时间延误产生的原因已经在这一章的开始讨论过了。在很多情况下时间延误是没有办法补救的，虽然可能一个人说的时间越长，他就越可能补救时间上的延误。在另一方面，如果你的角色是掌握一个演讲会议，负责让每一个人都有均等的时间进行演讲。你也许需要采取一些措施来避免那些无视给定演讲时间的人破坏整个演讲的进程。

怎样来做？

- 确保那些无视时间的人知道什么是其他人想要的。如果他有5分钟进行演讲，鼓励他准备一份4分钟的讲稿，并且向他解释很多人在有压力的时候都会说更好的话。
- 建议他们把他们演讲的内容写下来，告诉他们只是读一页普通排版的信纸的内容就需要5分钟的时间。
- 和他们紧密地合作，确保他们的演讲内容可以适合整个团队的内容框架。这可能需要更多的排练，而不是即兴发挥，但这是一项非常必要的工作，尤其对于那些长篇大论的人来说。

▶ 如果情况使然，就要做好发出警告的准备。如果演讲人有跑题的倾向，或超过了事先预定好的时间，你就要准备一些方法来警告他们（然而并不令人惊讶的是，这些演讲者都对提醒他们的手势毫无反应）。你需要让演讲者明白，超过了预定的时间就会被毫不留情地打断。显然没有人会愿意这样终止自己的演讲。

结束了。“非常感谢”也许是最常用的一个结束语，但他过于常用而缺乏特殊的指明。你应当仔细地考虑一下你的结束语应当是什么，在你给出结束语之后，不要马上离开讲台，应当和你的观众眼神交流，让他们知道你已经做到最好。然后，你和你的团队应当站起来快速地收拾材料及用具。如果你不事先考虑退场的情形，这可能会是一个令人难堪的时刻。

总结

时间就是一切，特别是在时间敏感的演讲中，在演讲中过多地展开论述是重要的失误之一。必须要认识到，仅仅注意到控制时间是远远不够的，以下是一些需要你和你的团队需要注意的事项：

- *松散的组织*。为了保证在规定的时间内结束演讲，需要计划比实际需要少一些的内容。
- *实际的界限*。认识到人们总会说比平时要多的内容，因此要留下一些时间用来和听众交互。
- *严谨的处理*。一旦你开始演讲，就要严格按照你的时间表分配内容。不要自发地和观众交流，时刻提醒你的团队关注主题内容。
- *设定节奏*。保证你的第一个演讲人是能够让团队中其他人保持热情和活力的演讲状态的人。
- *处理不同的角色*。你需要让每一个人知道坐在哪里，站在哪里，什么材料和装备需要带进会场。这可能看起来有些刻意，但如果你的团队确实不知道如何处理这些事情，这就变得很有意义了。
- *对时间延误的补救*。确定那些毫无时间观念的演讲者知道什么是真正需要的，和他们紧密地合作以便使他们的内容能够契合整个团队的工作框架，让他们知道，如果他们离题太远你一定会立即打断他们的讲话。

结语　5 分钟！

“每一个人的身体中都有蝴蝶，职业者和业余者的分别是职业者会让他们的蝴蝶以某种形式飞出来。”

——齐格·齐格拉(Zig Ziglar)

也许你已看过很多 20 世纪的娱乐电影，在那些电影中明星们在被闪闪发亮的化妆镜前化妆的时候，门外一个声音响起：“还有 5 分钟！”那位明星从椅子上跳了起来，演出就要开始了，她准备好了吗？你呢？

最后一章或许可以被称为是在你即将开始演出前对所需重要物品及材料的回顾。把这份包含了重要内容的清单进行回顾会给你增加信心。在还剩下 5 分钟的时候，以下是你需要准备的内容。

经验方法

检查你自己：积极调动你的情感，身体和精神状态，在开始做演讲之前充分准备这些。

身体上的准备

在第一章已经论述过，身体准备的重要性不能被高估。但身体准备和精神准备同样重要。而且如果身体上尚未准备充分也很容易导致怯场。以下是一些简便易行的身体准备的方法：

- 在演讲之前好好睡一觉，在演讲前如果仍然外出狂欢作乐显然会给你的演讲带来重大影响。
- 如果可能的话，在演讲前一天做一些活动，这将会使你在演讲过程中“保持警觉”。

- 在演讲时要克服紧张的状态，可以使用紧张/放松疗法。一种等距放松疗法可以让你的紧张状态得以克服。
- 对于即将进行演讲的环境要加以适当的熟悉。
- 记住演讲如同一出舞蹈，即使你的动作既不敏捷也不优雅，但观众们确实希望看到的就是你的演讲中表现的种种积极状态。

对动机的回顾

关于演讲的第二条规则，如同在第二章中提到的一样，就是“我的动机是什么?”比其他技术问题更重要，你演讲所要达到的目的是最重要的。你的动机导致了你说话中每一个单词的语气变化，想想你的观众在听到你说话之后会有什么样特别的动作，并且通过你的动机及目的来实现这些动作。

在一个市场招聘的演讲中，你的动机可能是“得到那份工作”，那也许是，也许不是一个可以实现的目标，取决于一系列不受你控制的外部因素。除非这是一项你不会失手的任务，否则一个好的动机会让你清晰地和审查员之间产生交流，让他们认真地考虑你是不是合适的人。

在设计演讲中，很可能你的目标就是取得对工作的肯定。动机可能是简单直接的，但你可能会错过这一结果。这取决于你和客户之间的交流是怎样的，找到一个适宜的目标以至于这个目标与客户的目标是相当契合的。但是这其中，也许存在微妙的差异，这让你产生了一种如同“卖”想法给客户的压力，而这些客户也许并不真的需要你的想法。

技巧

考虑你的观众听了你的演讲会产生什么样特定的行动，并且用你的目标的产生的力量去实现它。

在一个审查听证类型的演讲中，比如关于规划或区划会议上，你的动机很简单，就是推动项目不断向前，而不是把问题留到下一个会议，或是产生新的问题或需求。这种不断推动项目向前的目的，可能比较适合审查听证的需要。你要明白那些观众并不像你那样关注建筑，他们也许更关注垃圾清洁车工怎样从一个区域到另一个区域工作的。

当处于演讲会议时，职业者不应当把自己的演讲做得太职业化，以至于变成一个冗长的，说教的表演。仔细地考虑你的观众听到你的演讲后会有什么样的行为，并且为了你的目标而充分准备！

精神上的自信

演讲者最害怕的事情之一就是“忘了应该说什么”，或者一些相似的情绪而换用不同的说法。喉咙打结经常是因为没有充分的预先准备。但更为普遍的状况，那是因为你并没有更多更充分地了解你所讲的内容。许多设计者拥有国家承认的设计资格，而他们认为，一旦拥有这些资格，演讲中所需要的内容也就自然而然地出现了，令人失望的是，许多人后来发现，设计中展现的能力并不能反映演讲中的能力，或展示出来的信心。

信心来源于你自己，即你认为自己是这一领域的精英，这意味着你所了解的，比你的演讲中提到的更多得多。当你对于一个话题有足够量的信息，你可以很有自信地把它们表达出来。当然有人也试图去寻找，如果一些修补上的手法又是否可以替代对于题目的精通，很遗憾，现在还没有。

“熟悉你的台词”对于一个演讲者来说并不意味着要把所讲的全部背诵下来。它意味着将一个论题，由内及外的弄清楚，而并不是背诵它。因此如果需要，你甚至可以将一个话题展开成原来的十倍去讲，当然，优秀的演讲者知道哪一个 10％是需要说的，而其余的 90％是可以舍弃的。

不要再紧张

如果你的身体已经充分准备好进行演讲，为什么有时候在演讲中仍然会“卡住”呢？经验会告诉你为什么，即使是有经验的演讲者，他们用了大量时间进行准备并且克服了紧张情绪，最后一个导致你怯场的原因，在你已经身体和心理都准备充分的前提下，就是你对于自己的演讲目标过于看重了。

这种情况，像许多其他的怯场情况一样，在设计职业者之间非常普遍。建筑设计师们把每一次演讲都看做一次生死攸关的，决定他们未来命运的情况，这种态度就很自然地决定了，他们在演讲更多的是紧张和呆板，而不是流畅和优雅。

但许多演讲确实是非常重要的，有些甚至就是“生死攸关”的，一个好的演讲可能会带来公司的繁荣前景，而相反的可能会导致业务不景气及裁员。因此怎么可能不认真对待这些重要的演讲呢？

回答是，不要忽略了任务的重要性，但要放松地对待。除了身体的准备是非常必要的以外，下面是一些演讲中需要注意的方面，会使你从紧张的状态中摆脱出来。

- *去考虑一些前景*。从一个嘈杂的操场旁边经过，或是一个流浪者的窝棚，或是在你去往演讲路上的一处养老院。想想你作报告的结果将会怎样影响这些人——事实上你的工程并不会有如此大的影响力，因此它看起来也就不会如此的胆战心惊了。
- *减轻你的压力*。演讲并不完全取决于你，除非你是一个单独的从业者而身边连一个副手都没有，情况相反，你身边可能有很多优秀的人，他们共同促使演讲各方面做到最好，你应当给予他们更多的信任去做这些事情。
- *开个玩笑*。一对从业者同事经常在演讲前提醒自己“我们有自信、我们有能力，我们很满足”。这种方法用来消除演讲前的紧张情绪非常有效。幽默对于你和你的团队成员都非常有效。如果你不会讲笑话，让你的同事给你讲一个。
- *设想最好的情况*。将观众假想成来看你的演出；他们想要更多地了解你、你的公司或者项目本身，想要看你的精彩发挥。在房地产和建筑业很少有那种极为刻薄的人想要看你出丑，虽然几乎每个建筑师都声称知道业内每一个具有这种低下品行的人。事实上绝大多数来看你演讲的观众——几乎是百分之百——希望你能够获得成功。而相比较而言，希望你的演讲失败的观众的比例是少之又少，绝对可以忽略不计。

了解演讲地点

在第四章中，有一系列的对于实际环境的考虑的讨论，但对于你演讲环境的熟悉其实是最重要的，没有一位演讲者会以充分的演讲姿态在一个他不熟悉的地方进行演讲，了解演讲环境包括了以下几方面：

- 了解这个房间，包括门、窗、椅子、楼梯竖向板以及其他可能出现的构件。

- 布置会场。放置你的器材在合适的位置以便于你演讲的顺利进行。
- 计划到一些突发事件，比如你的幻灯机突然跳线。
- 使用麦克风进行试音，听听你的声音以演讲的形式，或普通说话方式在空间中的音响效果。
- 不要忘记灯光，即使你是那个设计了室内灯光效果的人，如果观众看不见你，也就不想再听到你。演讲不是收音机，而是电视。
- 如果你在演讲之前不能进入这间会场，你就需要做更多的准备，当然同时也意味着考虑更多的细节和风险。

面对着观众

提醒

记住面对着观众的五个E：精力、情感作用、热情、投入以及娱乐。

演讲更像是芭蕾，而不是现代舞蹈，因此你应该时刻把脸对着观众，就像芭蕾舞女演员时刻把脸快速朝向观众一样。显然，如果你全神贯注地投入到你的演讲板的说明当中，你就不可能做到这些。

并不仅仅是把脸朝向观众，“面对着观众”有其他几个重要的原则去遵循，这样可以使你的演讲绝不是一个一般意义的讲话：

- *能量*。你的音调和你的节奏显示出你的能量。如果你的音调过于低沉，节奏也十分缓慢，你的观众们就会睡着了。
- *情感*。联结你和你的观众之间的纽带。情感出于对共同背景的意志，共有的经验，交流和穿戴上的相同点，共同的价值而被建立起来，有时自我解嘲也让人感觉你并不是那么严肃。
- *投入*。让你的观众投入到讨论中，这比让他们只听你说要好得多。而且这也增加了你达到目标的可能性。最简单的让你的观众去投入的方式就是：问问题，然后期待他们解答。
- *热情*。五条规则中最难以假装的就是热情了。热情是你除了演讲内容以外带给观众的最重要的东西。如果你不带着热情去演讲，你的观众会很快感觉出来，热情需要内在的动力，虽然热情是可以相互感染的，但你不可能完全从另一个人身上获得它。

- *欢乐*。演讲过程应该带有一点欢乐。实际上这意味着一点适当的幽默。如果你不擅长幽默，不妨带给他们你休假出游的照片。欢乐并不是无目的的，它缓解紧张，建立和观众之间的情感联系，并且使你和观众之间的关系变得和谐。

克服困难

经验方法

职业者们应该拥有一些在演讲过程中处理突发事件的经验。

演讲中需要克服的最大困难就是认为在演讲中不存在任何困难。任何地点，从社区俱乐部到城市剧院都有这样或那样的问题，业余者和职业演讲者的区别在于，职业演讲者有经验去处理那些突发事件。

可以避免的困难应该在演讲之前有所估计。然后应该采取一些措施来，避免它们的出现，如果真的出现了，你也应当有替代的办法达到目标。

不可避免的困难总是来源于会场中的观众或其他人员，而不是你或是你的器材装备。通常，这些困难包含了一些来自观众的敌意，记住以下的规则来处理这些不合适的反馈：

- *认知*。认识到你的观众正在对你的演讲做出一个评价，这是一个事实。
- *肯定*。让这位观众清楚地知道你充分的理解他所说的话，但无须同意。
- *记录*。对观众的陈述做以记录，最好是在观众面前完成这一过程。
- *坚持*。继续你的演讲，不要评判你的观众的不合时宜的反馈。

不需要提高声音

事先对你的声音做出估计，看看你的声音充满房间需要你多大的音量。事先估计的原则很简单。

- 在声音测试中提高你的声音，看看你究竟需要多大的音量。
- 采用正确的姿势和呼吸来支持你的发声。
- 注视最后一排人的反应，他们是最需要听见你声音的人。

➤ 如果你使用一支麦克风，把它当作工具而不是替代声音的用具。

提醒
当你全神贯注的时候，你会实时的应对突发事件，而不会失掉对于演讲本身的注意。

全神贯注

因为先验的思考是不需要的，你需要一些自主的努力让你保持一个全神贯注的状态。保持全神贯注的状态会让你从容应对突发事件，而不会因为他们导致离题。最基本的情况，全神贯注意味着两个基本的原则：不要预先估计，不要反思。

不要预先估计

你应当全神贯注于正在进行的内容，不管是你还是其他人的话，不管这个人是你的观众还是你的团队成员，实时的去应对这些问题，而不是让你的思维走在问题的前面。你需要从现在开始五分钟说的，它就应该在那个时候发生，你现在应该思考的，就应该发生在现在。

不要反思

同样的，你不需要记住刚才在演讲中发生的事情，如果你一再考虑那些你认为不如愿的失误或错过的提示，你可能会越来越深陷其中。没有演讲可以进行得十全十美，即使是在一场全部由丰富的经验者参与的演出中，业余者和职业者的区别就是在这里：后者可以克服那些小的失误，将它们修补到可以接受的水平，然后继续保持全神贯注的状态。

提醒
当你总是使用同样媒体进行演讲的时候，你不会真的去想哪种视觉手段会真的帮助你更好地达到演讲的目的。

考虑视觉辅助手段

每一位建筑师都会考虑使用视觉手段——不用的几乎没有。关键是如何决定哪一种视觉手段是最重要的，相应的来准备你的展示。大多数建筑师总会一再使用同一种演示方式，因为他们已经知道如何去准备它们了，或者他们认为这种方式值得信赖。以下是一些可供选用的其他方式。

➤ *幻灯片播放*。一种古老的选择，通常需要黑暗的房间，而这样可能会导致你观众提不起精神。

- *展板*。另外一种可以信赖的工具，它绝不太可能在演讲会场出什么问题，但它们可能很贵，也取决于你需要的数量。
- *传统幻灯机*，一种很少为建筑师使用的媒体，因为它对照片的还原度很差，但它确实是一种展示简单图形和基础图样的好方法。
- *数字化投影仪*，给这门职业带来巨大变革的就是对于演示软件的使用，通过一台笔记本电脑和另一台投影仪，演讲者可以非常方便地进行演讲，不过演讲者最好预先做好备份。
- *模型*。有什么好的方式比模型更好地阐释三维空间的呢？模型有时会有一些问题，因为客户们并不清楚它们的尺度，但人们都非常喜欢看模型。
- *电脑动画*。虽然职业者们始终努力去制作一系列令人可信的虚拟现实的动画，而这项技术也每年不断进步，但也要考虑的是，是否有其他方式可以更好地和设计交互，而不是被动地观看动画。

考虑你的结束

提醒

时间安排包括了在可支配时间中需要叙述的内容，对于回答问题大致所需时间，以及人员及场景更换所必需的时间。

所有的演讲者在演讲中都会“说过头”，好的演讲者会意识到这个问题，认识到演讲中每位演讲人都会比自己预期的时间更长一些。时间安排包括了在分配时间中对于所讲内容的其实估计，对于延时的考虑以及人员场景更换所用时间的紧密安排。

很多演讲人被这些琐碎的问题困扰，因为他们并没有留出时间收拾他们的材料，没有考虑演讲者更换所需的时间，即使看起来有些粗鲁，你的团队和观众都很高兴看到你并不是一个喋喋不休的人，而最好的做法就是只抓住最重要的部分去讲，把时间留给其他人。

另外不要忘记考虑你如何结束演讲，许多令人尴尬的场面来自演讲者结束了演讲，却没有提示观众应该给予回应。最好的方式就是，有一个带有强烈语气的结束来获得观众的掌声，或至少表达感谢让他们知道你的演讲已经结束了！

最后一分钟的检查

没有任何时候比在演讲前的几分钟更加让人紧张的了。呼吸变得无力，而不可控制，先前清晰的要点也变得混乱起来。与其坐着考虑你有多紧张，不如把时间放在更为有效的安排上，当然我们的前提是，你已经为演出做好绝大部分准备。

- *身体检查*。检查你的紧张程度，呼吸是否无力，精神状态等等，并将它们调整到最好。在休息室坐一会儿可能是个好主意。
- *回顾那些基本原则*。你的动机是什么？支持你论点的分项要点又是什么？你和你的团队成员都清楚地了解这些吗？
- *预设*。演讲中是否有一些部分是可以事先放置好的？这样当你正式进入会场的时候就会节省相当多的时间。但记住你不要做过头，否则你事先打开了笔记本电脑，第二天来的时候你可能需要再重启一次。
- *回顾*。最后把你和你团队在演讲中的工作流程再重复一遍，如果这个时候发现了问题还来得及补救。
- *集中精神*。关掉你的手机和其他通信设备，不要再考虑其他的项目，把精力集中在你目前的项目上。
- *放松*。给自己讲个笑话，或让其他人来讲一个，不要把你的演讲看得那么重要。
- *更加放松*。提醒你自己你知道自己在做什么，你在自然而然地准备它，而你的观众会非常欣赏你。

幕启！

即使你已经遵循了书中的每一条原则，当听证会开始的时候主席说：“你可以开始了”，你也会感到仿佛像从悬崖上冲进寒冷的冰水中，唯一的解决办法就是你要更多的经历，你从悬崖冲下的次数越多，你就越不会感到下面的水有多么寒冷。当你认识到自己全身已经麻痹，你开始像一台僵硬的演讲机器的时候，战斗才刚刚开始。尤为不幸的是，你的一些特定的反应没有办法在平时预演。不管你平时如何练习，在你每次演讲的时候你总会发现身体的某个新的部分，比如膝盖、胃，有了一些新的特殊的反应。这就是生活的奇妙所在，体验总是新的，没有第二次，总是同样的刺激观众和你，观众来到这儿是为了看你的舞蹈，在聚光灯聚焦在你身上，或者不在你身上，你将做出什么样的表演？这确实是一个“真实的时刻”，因为不管你有多么经验丰富，你已经进行过多少次演讲，每次幕布开启的时候，你都会开始一次新的经历。

最后，能够在舞台上表演，区分于以往设计中的每个部分，是一件令人鼓舞的事情。在你的办公室中，你可以控制每个环节，即使你不能控制它，也会在随后的过程中慢慢解决。当你进行演讲的时候，你在同一些你无法控制的因素进行实时的交互，而其中的观众的反应是最不可预知的，甚至他们的口味和爱好也与你完全不同。这景象很像一次刺激的飞车体验。这就是演讲的特点，或者你会非常乐于接受演讲的这种动态的，不受控制的特征，或者你会对这种特征感到十分恼火而竭力把它变成一个处处由你控制的单向过程，但这可能是你永远不可能达到的。

作为最后的建议，也是一条关于演讲艺术的哲理。在一张纸上画一条线，在左边是无论任何人都不希望发生的事情：烦躁、喋喋不休、僵硬、呆板、单调的等等。在右边写下你所希望在演讲中表达出来的：动态的、积极的、热情的、充满能量的。看看这两个列表，哪一个是表达了普通的讲话，哪一个意味着一段舞蹈的表达？那么现在，去开始你的舞蹈吧！

附录 使用演示软件

因为数字化辅助已经成为建筑师演讲不可缺少的工具，演讲者需要一些关于如何使用这些软件的指导。最为常用的演示软件就是微软公司的 PowerPoint，但其他公司出版的类似功能的软件也提供了这样的手段，在你的电脑上实现虚拟的幻灯片放映。同时借助液晶放映机可以将内容展示给任何规模的演讲会议。这些软件本身提供了很好的指南。因此，我们在这篇附录中也并不打算给出详细的操作步骤。重要的是，你可以学会一些有用的技巧让你的演示变得生动，另外，你也将学到一些技巧来避免一些情况的发生。

基本知识

一旦你作出了使用计算机辅助的方式进行演讲的决定，你需要快速列出演讲中重要部分的梗概。你可以在一张纸上列出一系列演讲主题，或者使用计算机软件中的“概要”功能直接开始工作。使用后一种方式有两个好处：你可以改变主意，将各部分概要迅速地更换位置，另外，当你写完了概要，开始进入演讲内容的写作阶段，由于是在进行计算机化操作，你可以经常性地保存工作。

当你的演示文稿不断深入，你可以不断地在主要标题下增添内容，如果你想要删除一张幻灯片，但并不确信是否真的删除它，不要按“删除”键，按“隐藏”键将这部分内容隐藏，如果一旦需要，你可以在随后的操作中恢复它。

文字：少即是多

将文字敲进电脑是一件非常容易的事情，因此，你也可能把它们做过头。你可以导入一份概要(或整篇段落)从其他的字处理软件中。但这项能力导致了演示软件的最大问题：人们总是希望向文档中放进更多信息。首先，如果幻灯片中含有大量信息，观众们很难将它们分辨出来，更重要的是，这些文字会让你不由自主地把它们念给观众，而这就是演示软件最容易出现的问题。没有什么事情比一位演讲者盯着屏幕念“超过 25 年的经验，从基础设计到高级设计……”等文字更让观众心烦意乱的了。

使用标题，不是句子

技巧 演示时的标题应该是短语，而不是大段的句子。

一个对上一段文字进行概括的标题应该是，“充分的教育经历”，事先给出这一标题将比你首先进行你从基础教育到高等教育的陈述要有用得多。如果你曾经见过一位演讲者将屏幕上的内容一点点的念给观众听，你将会了解在一两页文字之后这是一件多么令人疲倦的事情，如果整个演讲过程都是这样，后果必然是不堪设想的。

我们的公司已经开业 24 年
- 我们已经为多家公立、私立学校服务，并且保持了高标准的设计；
- 我们为客户服务的声誉是独一无二的。

错误的做法：冗长的描述

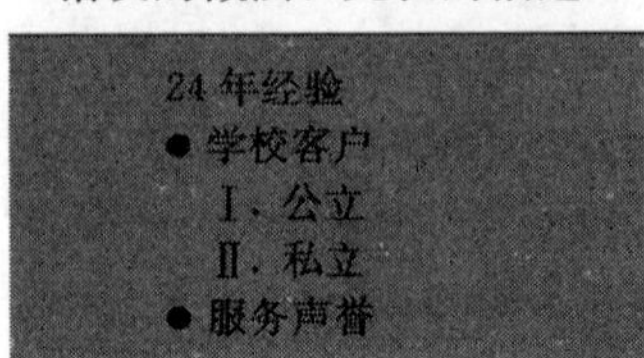

附录图 1　正确的做法：短语和标题

图片：少也是多

建筑师和设计者总是希望以视觉信息作为主导，他们希望将演示文档中加入更多的图片。总体来说，这是一件好事情，但设计者们总会在工作中处理大量巨幅，高精度的图像文件，他们也常常会认为演示文档也应当放入高精度的图片。但事实上并不如此。

首先是一条基本原则，并且涉及一些算术知识。基本原则就是投射在屏幕上的图像并不需要像印刷图像那样需要高分辨率，观众在接受屏幕的信息会更加迅速，这也是为什么一般计算机屏幕通常只有每英寸 75 像素，而好的打印机可以制作每英寸 400 像素至 600 像素的印刷文件。而这样高的分辨率才是印刷图像可以接受的质量。了解这条原则可以帮助你节省大量处理图像的时间。

技巧
在计算机演示时，图像文件的分辨率由投影仪的分辨率决定，而不是由电脑的分辨率决定。

接下来是一些算术问题，最重要的事实是你需要放置在演讲文稿中的图片的合适尺寸由你的投影仪的分辨率来决定，而不是你的笔记本电脑的分辨率来决定，也就是说投影仪的分辨率是决定了你图片分辨率的唯一要素。现在比常见的投影仪的分辨率是 1024 像素×768 像素，而很快就会被精度，更高的投影仪所取代。这里的算术规则是：任何大于投影仪分辨率的图形文件都包含了冗余的信息，冗余的信息有两个缺点：它会使你的计算机速度变慢，因为它需要计算机处理更多的计算量。另外它会占用大量磁盘空间，尤其像大多数人一样，这些演示文件在演讲后并不会马上扔掉。

另外使得算术问题复杂化的就是许多演讲者喜欢在图片周围留出边界。这样图片的主题都得以在每一页都显示出来，这样如果你的投影仪水平像素为 1024 点，并且你希望在每一页留出边界，你的演示文稿中的任何图片都不需要大于 100 像素，而你也只需要保证你的图像水平分辨率不多于 100 像素即可。通过高压缩比的 JPEG 和 GIF 文件格式，你将会惊奇地发现在你的演示文件中图像容量只占很小的比例。

怎样可以将大尺寸的图像文件转化为小尺寸的文件？遗憾的

是大多数演示软件都不具备这个功能，如果你直接在演示软件中改变图像尺寸大小，图像看起来是变小了，但内嵌于演示文件中的图像文件的大小实际并没有变。如果希望你的高精度图片适合于演讲的精度要求，你需要使用图片编辑软件，比如Adobe公司的Photoshop软件，来真正改变图片的真实大小，另外要确认你是在这些高精度图片的拷贝上进行编辑，而不是初始文件！

导入CAD文件

最痛苦的事情之一就是将AutoCAD软件，一种非官方标准的进行计算机辅助制图的工具所绘制的建筑平面及立面导入演示制作软件当中。将CAD文件另存为，BMP图像文件，并导入演示文档中的结果总是可怕的：CAD文件的细节越多，在演示时效果就越糟糕。

一种方法，尽管看起来是不完美的，就是使用剪贴板工具。通过使用Windows系统内置的拷贝/粘贴命令，可以将信息拷贝至剪贴板，然后用于其他文档或软件当中。奇怪的是，拷贝/粘贴命令在当前看起来是把CAD文件的信息导入演示软件中的最好的办法。这需要你在CAD软件中选中需要的图形对象，使用拷贝命令将其拷贝至剪贴板，切换到演示制作软件，然后将信息拷贝至适当的位置。虽然比将CAD文件另存为图形文件要麻烦一些，但这样产生的图像效果更清晰，更易读。

特效：越少越好

技巧

节制地使用特效（溶解、淡入/淡出、飞行效果），如果有必要使用的话。

在使用演示制作软件最大的陷阱就是它提供了过多的特效。因为这些软件提供了如此丰富的功能，用户们总是希望在演讲文稿中加入这些效果。这种严重的状况可以同早期狂热使用的环绕文字相比。当你拥有一百种字体时，并不意味着你要把它们都使用到一篇文档当中。

为特效辩解的一个重要方面是，“它们能够使你的演讲不那么枯燥。”但是这并不是事情的真实一面，它忽略了一个重要的事实：是什么让你的演讲变得不乏味的，并不是你的软件。让你的观众真正感兴趣的，是你在演讲中逐步深入的讲解，以及对于内容的熟练了解。

幻灯片的过渡

在演讲中使用的比较有效的特效就是让幻灯片平滑地从一张过渡到下一张，使用这个效果会让你的演讲文稿保持较好的连续性，而这样比简单的“下一个”要好得多，试验其中几种特效，选择其中一个看起来并不唐突的效果加入你的文档中，并且要记住，你随后插入的文档并不具有相似的效果。另外，不要使用那些过于奇异的效果，比如，将你的内容在屏幕上快速旋转。

技巧 最好的页面过渡的效果就是让你的观众甚至不会发觉它们。

展开方式

展开方式让标题和幻灯片的内容一次只出现一部分，在以前真实的幻灯片时代，你需要使用四张幻灯片才能创建一套展开图，现在你只需要指定哪些幻灯片是需要这种展开方式。

展开可以有条不紊地建立一套工作步骤，通过展开方式将工作重点一点点地呈现给你的观众，因此你可以保证观众不会在你之前开始阅读这些内容。这种展开方式唯一不好操作的地方就是，当你需要很短的时间里浏览演讲内容的时候，这些标题一个个的缓慢出现会让你和你的观众都感到焦躁不安。

就像过渡方式一样，选择一个你不觉得过于明显的展开方式，最不过于明显的方式就是一次出现一个标题，而不出现任何特殊效果。而让前面的标题变暗使得当前的题目变得突出，则是另外一种选择，是否采用这种手段取决于这些论点是否从属于一个更大的中心论点，或是这些论点之间是相互独立的。

一个经常被忽略的展开方式是对于图像的展开，这意味着你可以首先给出一幅渲染图，紧接着展开一系列的箭头、圆圈来帮助解释图面的内容。这项功能是相当有用，然而也相当容易被忽略的。

声效

演示制作软件可以在文字或图像出现的时候加入声音。这些效果可以是尖锐的轮胎声，相机快门声或是打字机的按键声。决定是否要使用音效也很简单：不要用。除非你希望通过音效来增

技巧 在演讲中使用声效最安全的原则就是完全不要使用它们。

加一点儿幽默的气氛，否则声音效果在客观上比其他效果会更快地招致观众的不快。

模板

演示软件通常加载了几十个甚至上百个演示模板，使用这些模板可以让一个新手也能做出来“看上去很职业”的演讲文稿。作为一个职业设计者，你会发现这些模板要么是勉强可以用，要么是根本不能用。你很可能不会使用其中的任何一个模板，而由你或其他人创建一个标准的模板。作为一名职业设计师，你有义务对你的演示文稿进行设计，而使得它的质量比一般的演示文稿要更加优秀。

自动计时

技巧 演示软件中的计时功能最好用在预演中，而不是用在正式的演讲当中。

演示软件的另一项看似重要的功能就是可以事先对你的演讲计时，在你指定的更换幻灯片或出现标题的间隔，你可以在对话框中输入计时，或者记录你完成整个演讲过程所需要的时间。这项功能看起来很有价值，因为它保证你能够按时完成每部分内容。但事实上它会带来非常危险的后果。在第十章中我们讨论的，在实际演讲中使用的时间和预演时候所用的时间极少相同。人们在演讲中会使用新的思路和新的表达方式来代替旧的方式，这样会导致原有的计时是无效的。

另外一个使用自动计时的坏处，就是它会使你的演讲看起来如同机械运动。如果观众发现你的演讲是遵循了某一个仔细校对过的时间表，你的可信度就同一个在集市上卖菜的摊贩没有什么区别了。

加入交互

在第九章中已有阐述，让一个计算机化的演示方式不像传统演示方式那样单一是可能的。虽然绝大多数的演讲者都不会非要这样做不可。交互性是计算机化演示带来的好处，虽然它目前仍然极少被使用，它允许你在鼠标的指挥下来到演讲的任何一个部分。

交互方式工作的原理很像一个简单的网页，但也许会更加简单，因为你不需要了解更多的复杂的编程知识或者是一门特殊的计算机语言。大多数演示软件允许你在演示文档的任意位置加入超链接，超链接工作的方式很像一个按钮，当你点击位于文档中的某一单词或短语，你就会跳至某一你已经事先指定的位置。你的演讲基于一个基本线性的模式，但你提供了若干快捷方式让你在演讲过程中前进或后退。

举个例子，比如你的演讲基于四个基本论点，“经验”、“个人”、“途径”和“操作”，你可以在最开始的部分加入超链接使你可以任意来到四个论点之中的任何一个。你可以在其他加入“索引”这一超链接，它将允许你返回最开始的部分，或者你可以在其中一个论点的幻灯片中加入其他三个论点的链接，这些将相当程度地提高你的演讲效率。

在演示中加入交互方式有一些显而易见的好处，首先它可以使你的观众对你演讲的安排作出时间上的估计，这给予你的听众一种被赋予权力的感觉。另外一种支持使用超链接的说法是，它们可以提供给你在以往的直线式演讲中没有的对于时间的控制。观众们最厌烦的事情莫过于演讲者不断地向后翻幻灯片，一边说：“我们没有时间去说这些内容，因此先把幻灯片大致过一下。”加入超链接可以使你更优雅从容的跳过这些部分，如果你确实需要的话。

知道什么时候说不

技巧

在一个计算机化的演讲中需要做出的最重要的决定是要不要使用计算机的方式。

由于计算机的流行和易于操作性，计算机化的演讲将继续被广泛的使用，对于一个演讲者最为重要的事情就是，他使用的媒体必须要很好地支持他的演讲目的。因此如果演讲目的是建立合作关系，融洽气氛或是欢迎致辞，演示软件就仅仅处于一个从属地位了。

总结

演示软件已经成为了一名建筑师日常工作不可缺少的一部分，它已经变得如此重要以至于它取代了一些本来可以更适合使用的工具。使用演示软件会让你的演讲变得更加有逻辑。尤其是当一位演讲人需要将他的想法以一种结构化的方式来表达出来，而他本人又不擅长逻辑的时候，演示软件就更加有用。以下是一些使用演示软件的原则：

- 使用标题，而不是句子，它们仅仅告诉你下一步该说什么。
- 不要把屏幕上的句子念给观众听。
- 选用更简单易用的图片格式和适宜的图片尺寸，而不是高精度的图像文件。
- 使用平缓的过渡，而不是动感特效。
- 不要使用音效，除非你希望开始一出滑稽的桥段。
- 考虑适当使用超链接，它们会让你自由地来往于演讲文稿的各个部分。

在你按照这些导则准备好了你的演讲之后，问问你自己使用计算机化方式进行演讲是否真的必要。记住马绍尔·麦克路汉的名言，“媒介只是传达信息的手段”。

英汉词汇对照

A	
AARP Method，AARP	方法
Acoustics，room	声学，房间
overly dead	完全的沉静
overly live	过度的活跃
Allen，Woody	艾伦·伍迪
American Institute of Architects	美国建筑师学会
Anticipation，avoiding	预期，避免
B	
Breathing	呼吸
chest	胸腔
control of	控制
deep	深入的
diaphragmatic	横膈膜的
Bush，George	乔治·布什
C	
Cheating out	开放交流
Checks，final	检查，结局
Clinton，Bill	比尔·克林顿

Communication process	传达过程
Computer presentation software	电脑演示软件
effects	效果
builds	构造
sound	声音
hyperlinks	超链接
images	图像
plans	平面图
templates	模板
timing, automatic	计时，自动装置
transitions	过渡
using	使用
Concentration	集中

D

Daylight, controlling	日光，控制
Drucker, Peter	彼得·德拉克
Dye, Dan	丹·戴因

E

Empathy	情感作用
Energy	精力
Engagement	投入
Entertainment	娱乐
See also Humor	参见"幽默"
Enthusiasm	热情
Extemporaneous speaking	不用讲稿的演讲

F

Facing out	面对观众
Factoids	例证

H

Hands, use of	手，使用
Hostility	敌意

overcoming irrelevant speeches 克服不相关的演讲
overcoming loaded questions 克服过多的问题
Hume，David 大卫·休谟
Humor 幽默
appropriate 适当
creating 创造
inappropriate 不适当
Humphrey，Muriel 穆里尔·汉弗莱

I

Improvisation 即席创作
Interaction 互相作用
audience 观众
degree of 程度
importance of 重要性
interrogation 询问
maximizing 最大限度
overcoming excessive 克服过多的
team 组
Inversion Principle 倒置原则

K

Kingwell，Mark 马克·金威尔

L

Learning objectives 学习的目的
Leave-behinds 留下
Lectern 演讲台
Light，finding 照明，找到
Lighting 照明
controlling 控制
worst，where to find 最差的，在哪里能找到
Listening 倾听
Location 位置
advance viewing 向前的注视

oversized space	太大的空间
undersized space	太小的空间
understanding	理解

M

Manuscript，speaking from	手稿，说话
Memorization	记忆力
Microphones，using	麦克风，使用
Modulation，vocal	调制，声音
Moment，being in the	瞬间，在……里
Motivation	动机
Movement	动作
orchestrating	协调

N

Notes，use of	笔记，使用

O

Objective(s)	目标
content not in support of	内容没有被支持
examples of	例子
review	回顾
single	单一的
Obstacles	障碍
expectable	能预期的
losing your place	失去你的位置
overcoming	克服
stage fright	怯场
technical	技术
unexpected	想不到
1000 Percent Rule	百分之一千的规则
Outline，speaking from	大纲，说话基于……

P

Pace	步调

Podium, *see* Lectern	乐队指挥台，参见“演讲台”
Posture	姿势
Practice Paradox	实践的似非而是
Preparation	准备
mental	精神的
physical	身体的
Presentation(s)	表达
bad, reasons for	不好，理由
delivering	传达
fears	害怕
finishing	最后的
formats	形式
conference	演讲
dialecture	交流会议
facilitated workshop	讲习班
lecture	工作小组
retreat	小型会议
seminar	思考
marketing	市场行销
mechanics of	机械工具
planning and preparation of	计划与准备
Presenters, managing multiple	演讲者，管理多个角色
Presenting	表达
Ten Commandments of	十个诫律
success in, 3	成功
whether to stop	是否停止
Projection	放映机
audio-visual	利用视觉和听觉
vocal	声音

R

Reagan, Ronald	罗纳德·里根
Rehearsal	排演
helpful	有用
importance of	重要性

Research	研究
Retrospection, avoiding	回顾，避免

S

Setting	安置
understanding	理解
See also Location	参见“位置”
Smalley, Gary	加里·斯马利
Sound check	检查声音
Speaking opportunities	说话的机会
Speech(es)	演说
methods of	方法
structure of	结构
types of	类型
Stage fright	怯场
Stage presence	舞台表演
Story line	故事线
Elements of	要素

T

Technical problems, overcoming	技术问题，克服
Tension-relaxation exercise	紧张-松弛的练习
Timing	适时
Topic, mastery of	话题，掌握
Truman, Harry	哈里·杜鲁门
Twain, Mark	马克·吐温

U

Understudy, need for	代替之演员，需要

V

Visual aids	辅助的视觉工具
choosing	选择
creating	创造
models	模型

ownership of	物主身份
overheads	放映机
computer	电脑
traditional	传统
presentation boards	表达板
relating to	连接起来
slides	幻灯片
video and animation	录像与动画

W

Warming up	热身
Warren，Rick	里克·沃伦

Z

Ziglar，Zig	齐格·齐格拉